U0180651

教你理财

普通人的财富自由手册

郭红波◎著

中国铁道出版社有限公司
CHINA RAILWAY PUBLISHING HOUSE CO., LTD.

内 容 简 介

作者根据实际经验，总结、提炼出工薪阶层需要了解、学习的投资知识和投资理论，包括价值投资、定投等;介绍适合工薪阶层的主流投资产品，如指数基金、可转债、股票等；根据实例介绍并讲解适合工薪阶层使用的具体投资方法和投资策略，手把手教读者进行操作；引导读者建立正确的投资观及自己的投资体系。

本书理论丰富、重点突出、风格轻松、实操性强，便于读者快速入门，适合缺乏投资知识的工薪阶层或希望系统学习和掌握投资策略的投资者使用。

图书在版编目（CIP）数据

教你理财：普通人的财富自由手册/郭红波著 .—北京：中国铁道出版社有限公司，2021.10
ISBN 978-7-113-28224-0

Ⅰ.①教… Ⅱ.①郭… Ⅲ.①财务管理－通俗读物
Ⅳ.① TS976.15-49

中国版本图书馆 CIP 数据核字（2021）第 153785 号

书　　名：教你理财：普通人的财富自由手册
JIAONI LICAI: PUTONGREN DE CAIFU ZIYOU SHOUCE
作　　者：郭红波

责任编辑：张亚慧　　**编辑部电话：**（010）51873035　　**邮箱：**lampard@vip.163.com
编辑助理：张秀文
封面设计：宿　萌
责任校对：焦桂荣
责任印制：赵星辰

出版发行：中国铁道出版社有限公司（100054，北京市西城区右安门西街 8 号）
印　　刷：北京铭成印刷有限公司
版　　次：2021 年 10 月第 1 版　2021 年 10 月第 1 次印刷
开　　本：700 mm×1 000 mm 1/16　印张：11.75　字数：160 千
书　　号：ISBN 978-7-113-28224-0
定　　价：59.00 元

版权所有　侵权必究

凡购买铁道版图书，如有印制质量问题，请与本社读者服务部联系调换。电话：（010）51873174
打击盗版举报电话：（010）63549461

前　言

随着社会经济不断发展，个人投资需求急剧增加，但大部分工薪人士投资知识欠缺，急需进行投资知识学习，了解投资产品，掌握一定的投资方法，从而进行合理的个人投资。我自己也是从大学生时的“一无所有”一步一步成长起来的，切实走过了从开始工作到拥有一定的被动收入的历程，了解其中所遇到的问题和艰辛，因此希望能将自己的投资经历和理解撰写成文、整理成册，和大家分享探讨，一起进步。

在我自己从“投资小白”进阶的道路上，遇到比较多的问题主要集中在以下几点：

（1）很少有专门面向工薪阶层的投资案例和理论指导。

（2）很多投资书籍是面向已有很多投资经验的投资者，对没有任何投资经验的上班族几乎没有借鉴价值。

（3）对于工薪阶层真正关心的如何选择投资产品、有什么投资策略和投资方法、如何进行投资实际操作等内容，很多书籍只是一带而过，并不能满足读完就能实际操作的需求。

（4）部分聚焦实操的数据往往又过于局限，不利于工薪阶层建立和搭建完整的交易思路和体系。

基于此，本书将内容分为两部分：第一部分主要介绍财富自由等基本概念；第二部分则聚焦于投资实操，介绍几种比较适合工薪阶层的投资方法和策略，使读者能上手实际操作，最好能有所获利。

本书是建立在本人部分经历基础之上的财富自由探索之路的描述。实现财富自由是一个动态的过程，没有终点。一些所谓的“财富自由”可能在人们的观点发生变化后成为入不敷出的代名词。财富自由的重要前提是知道自己的真实欲望和能力。欲望必须匹配自己的能力，当能力超过欲望的时候就能实现财富自由，当能力低于欲望的时候就不能。

因此，财富自由的前提是了解真实的自己。

真正的财富自由是心灵自由。心灵自由的本质就是对客观世界有深刻的认识和洞见，这不是每个人都能自动获得的，需要大量阅读和学以致用。知行合一是达到和实现财富自由的最好途径。

在这里，真心希望大家都能有合理的投资意识，找到适合自己的投资方法，进而达到财富自由；也希望大家能重视风险，并能持续学习和进步，顺应市场变化。毕竟真正实现财富自由的过程是动态的过程，人的欲望和能力也是在不断变化的。

最后想和大家说的是，投资只是我们生活的一部分，和吃饭、睡觉、工作、娱乐一样，并不是、也不应该是生活的全部。财富自由是每个人都想获得的，但是物质上的财富自由并不一定意味着幸福。工作、生活、投资本质上都是一个获得心灵自由的过程，我们时时刻刻都在享受财富自由的历程，脱离具体的生活谈财富自由是空中楼阁般的操作。每个人的生活都伴随着偶然，但是我们都可以通过锻造自己而向财富自由的方向奔跑。这又是必然的。

欢迎大家阅读本书。一本书有价值之处可能就在于一两句话，找到这一两句有用的话就达到阅读的目的了。希望本书对大家走向财富自由之路有一定的参考价值。

作　者

2021年6月

目录

第一章

经济是基础

有些人用绝对化的语气说:“所有的不幸都是由于贫穷,所有的幸福都是由于富裕。”这话虽然绝对了点儿,但是很多却是事实。

亲情和爱情是世界上最伟大的两种情感,但是在绝对的贫穷面前也是很脆弱的,曾经看到报道讲有的父亲在孩子罹患绝症后抛弃家庭跑路,有的爱人面对爱人的绝症不辞而别消失得无影无踪的。当然有很多甘守清贫的家庭,可是大部分人的心是敌不过人性的。

第一节　生活幸福与贫富

四年前，我家二宝出生，在一次常规检查中检查出肌张力高，跑了很多医院都说是肌张力高，于是让孩子住院进行康复治疗。

同一个病室的是一个已经上小学高年级的男孩，因为雨天碰了社区漏电的充电桩成了植物人，非常可怜。孩子只能动动嘴，其他地方都不能动，每天需要父母擦身体、帮助活动身体各个部位，每天在医院做康复，大人小孩都非常辛苦。

几天后，我就和这个男孩的父母熟悉了。孩子的妈妈是小学老师，爸爸也是工薪阶层，但是一场灾祸瞬间打垮了这个家。医院费用高是一方面困难，另一方面困难是这个家庭失去了宝贵的现金流，孩子妈妈请假不上班就没有了工资。

我们单位也是这样的，只要是请长假，哪怕请病假超过三个月就会被扣完工资。男孩的爸爸为了照顾孩子也请假了，导致工资停发，工作没有停已经是单位格外照顾了。

这个家庭此刻因为财务而陷入困境，家长的各种乖戾的情绪也会慢慢显露。

亲情、爱情这么强烈的感情往往也不能阻止人性中的丑恶显现。

我和我媳妇都是高中老师，单位也有这么一条规矩：请假超过一定时间（三个月）就会扣完全部工资，就会没有一分钱的收入。因此，我和我媳妇商量给孩子住院时，媳妇非常担心工资被扣、没有收入，我就冷静地给媳妇分析，告诉她根本不用怕：当时我们手里的现金足够支撑家庭生活五年，每年的房租足够我们简单地生活了，每年还有大概相当于一个人工资的股息收入。这样就完全不必担心工资被扣。

于是孩子住院后，我媳妇全权代表我去向校长请假，校长只同意我媳妇请假，但是不同意我请假，给我的照顾待遇非常优厚，就是只去上课不用签到不用待在办公室，上完课走即可。开始几天我们就是这样做的。

巴菲特将债务比作车的方向盘上绑着的一把尖刀，平时可能没事，但是一旦遭遇经济大环境恶化，就会像在颠簸路上开车，债务那把尖刀就可能要人命。类似地，现金流就是普通人的救命药，平时看起来最靠谱的工资其实是非常不可靠的。家庭黑天鹅事件一旦发生，最可靠的不是工资，就像对于我的家庭，最可靠的还是那些被动收入：现金存款和存款利息、房租收入和现金股息。

我有底气请假，甚至我已经做好心理准备：要是不批准我会立即辞职。根本原因还是有两个，一是我有一定的被动收入：现金、房租、股息；二是我有一定的专业技能，我在教学领域还有一点小名气小本领，完全可能在工作时间大幅减少时获得和原来同样的回报，甚至可能有更多。

后来，我找到一位好医生给我家孩子看病，这位名医说我家二宝这种情况可以不在医院康复，回家教孩子爬就行，只要会爬了后面就会自动修复。医院给孩子做康复太令人心疼了，孩子哭得撕心裂肺，有电疗、磁疗、水疗、平衡木、健身球等，还要做核磁共振，检查前需要给孩子喝安眠类的药物，孩子哭得我都哭了。有位医生甚至建议给孩子打一种补充脑营养的药物，把我吓得半死。幸亏后来遇到这位质量好、医术高的医生，这位医生是我们当地最好医院最好的儿科大夫，使孩子不药而医。

我们带孩子回家后，我每天除了上课，主要任务就是教孩子爬。那是夏天，把孩子喜欢玩或吃的东西放到距离他很近的地方，让孩子想办法向前挪动，孩子居然很快就学会了爬行，于是家中各种找不到的东西都被找到了。

这事已经过去了四年，现在想来仍然觉得自己当时心态很是淡定，这种淡定和我家那些被动收入是有密切关联的。设想一下，如果我们没有任何收入，还有房贷需要按月还，这样突如其来的变故就可能让人猝不及防地摔倒再起不来，我能想象那种欲哭无泪的境地：一方面需要治病，一方面需要工作，两方面都不能放弃，放弃了任何一边都会导致满盘皆输，甚至可能陷入借贷的生活，堕入人生的凄惨境地。

第二节　可贵的被动收入

创造一些被动收入使其成为有力的物质保障，不管是面对生活中的风吹雨打还是职业转型都可以有闪转腾挪的余地。

我说的被动收入不是拥有千万元以上资产的高不可及，不是挥金如土。我说的创造被动收入，我说的实现财富自由，指的是任何一个普通人都可以创造出来的，不是高不可攀的，而是通过司空见惯的行为和方式就可以实现的。例如存款，例如买房，例如投资优质股权，例如买指数基金，都可以作为创造被动收入的源泉。

再微小的被动收入都是难能可贵的。因为这是活水，是不需要付出更多时间就能获得的现金流入，可以积少成多，集腋成裘。随着时间的推移，资产会不断自动积累。

以我为例，我只是非常普通的人，智商中等偏下，就是称为愚笨也没关系，情商也不是很高，也一样创造出了我自己的被动收入，也有人称为“睡后收入”，也就是你在睡觉休息的时候，仍然有汩汩流入的现金流。

经济是基础，让人把全部的精力都放在生存层面上，每天筋疲力尽只是为了获取基本的生存资料，读书、看电影、听音乐、独处等这些满足精神层面需求的行为几乎没有，让人的精神一片荒芜，使人不能更好地实现自身价值，无法找到人生意义。

人是竞争的产物，人生本来毫无意义，人生的意义都是自己去赋予的，需要精神层面的练习。如果自己连时间都没有，那么人生会真的非常悲惨。我们每个普通人不应该妄自菲薄，都应该努力创造自己的被动收入，让自己能够面对生活中突如其来的暴风骤雨，让自己能够坦然从容地活着，不致一生都在忙忙碌碌而没有仔细体会当下每一刻的幸福与喜悦。

一个普通人如何创造自己的被动收入呢？

我们非常幸运，生活在一个美好的时代，一个凭借自己的双手就能创造美好生活的时代。有优质股权的红利——A股上市公司中百分之五的优质公司，在可以预见到的时间内长青；有知识付费的红利——知识使实现财富不再是空话，哪怕你只是有某个有趣的故事，都可能将之变现为财富；有国家发展的红利——我们的工资是在不断增长的；有稳定发展的红利——复利只有在稳定安全的发展中才不至于中断；有学习的好机会——现在学习的机会太多了，不是只有大学才是学习的最佳平台，各种各样的平台都可以给我们免费学习的机会；有社会保障体系不断完善的红利——医疗保险、养老保险等社保是特别好的社会保障。

我是如何实现被动收入的？在后面几章我会详细介绍。

第二章

什么是财富自由

财富自由是大部分人的梦想，那么什么是财富自由呢？我曾经在雪球网查看不同的人对这个问题的理解，发现财富自由的标准是五花八门的。有些人的财富自由是能够鲜衣怒马，有些人的财富自由是能够月薪十万，有些人的财富自由是满足温饱，有些人的财富自由是资产收入高于劳动收入，等等。

在本章中将分享我个人的财富自由观念，希望能够对大家有所帮助。

第一节　财富自由的定义

我是一名数学老师，我习惯在理科学习中先将新的定义认识并理解。这也是学好数学的秘诀。

什么是财富自由呢？

雪球中汇集一批最聪明的投资者，每隔一段时间就会有关于财富自由的争论帖子贴出来。一派人认为实现财富自由是可能的，另一派人认为财富自由对于大多数人来说是不可能的，但是都没有对财富自由进行严肃定义。

我来给我理解的财富自由下一个定义：被动收入超过生活所需。

这里的被动收入指的是不用付出自己的劳动时间就能获得的收入，例如存款利息、银行理财收入、现金股息、版权收入、房租收入等。工资不是被动收入，兼职收入也不是，例如送外卖、在线销售等。这些收入都是建立在付出一定的劳动时间的基础之上。这样的收入非常重要，但不是被动收入。

例如，我的非被动收入构成是：基本工资、绩效工资、各种津贴、加班费、班主任费、各种监考费、改卷费等。这些都不是被动收入，因为一旦劳动时间减少，这些收入也会随之减少；劳动时间没有了，收入也就没有了。

虽然这些不是被动收入，但是却对我的生活极其重要。第一个重要的原因是工薪收入往往是投资的第一桶金。没有这桶金，没有资金的慢慢积累，根本就谈不上投资，被动收入就可能少了一大部分；第二个重要的原因是使精神生活丰足。一个人如果长期处于不工作的状态，时间上就会失去记录，会慢慢失去对时间的感知。这是很多职业投资者的大问题，他们中有人可能慢慢蜕变成“职业赌徒”。工作是美好的，如果不是过度看重物质化而工作，就可能从中获得莫大的精神抚慰。例如，我是一名教师，工作对我的好处是显而易见的：好处一，给我来带工资；好处二，让我能够融入人群，人与人之间的交流很重要，它是心理健康的必要条件；好处三，从对专业认识的另一个视角去看，专业上的不断钻研和拓展给我很大的心理满足感；好处四，为社会献出自己的劳动、帮助别人给我很大的幸福感。

工作不但带给人物质收入，而且对人的精神健康有特别大的好处。

财富自由的定义因人而异，有些人收入非常丰厚，也不一定就有财富自由。因为，如果这个人有更大的消费欲望，那么不但不会实现财富自由，甚至可能会欠下巨额债务。有些人收入微薄，也不一定就不能有财富自由，因为这个人可能消费欲望相对收入来说很小，那么长期积累也可能实现财富自由。

由此可见，财富自由是动态的，不是静态的。财富自由和人的收入有关，也和人的消费支出有关。总的来说，如果一个人消费低于收入，那么就会产生正向现金流，就可能实现财富自由；反之，实现财富自由是很困难的。

在上述财富自由定义的基础上，实现财富自由就只剩下一个核心问题：你了解自己吗？

第二节　对财富自由的理解

有人说，我怎么可能不了解自己？可以说对自己了如指掌。实际上，现实社会中真正了解自己的人并没有多少，例如你知道自己的消费欲望的大小吗？收入很容易可以算出来，但是对于消费欲望就不一定了。这里的消费欲望指的并不是现金的支出，而是指随着你收入的不断增长，你的消费支出会随之扩大到什么程度。

我们知道，这个世界上有很多"幸运儿"偶然买了张彩票中了大奖，新闻追踪其后续进展，会发现这些"幸运儿"中有些人的结局是很悲惨的。显然，原因之一是这些人无法控制自己的欲望，欲望大于能力，消费高于收入，存在高速的负向现金流，结局什么样是明显的。

财富自由的前提就是深入了解自己，尤其是普通人，收入是有限的、是宝贵的。如果不能将其变成资产，很容易就会陷入两手空空甚至借贷消费的局面。

莫泊桑有一篇著名的短篇小说《项链》，估计都读过，女主人公借了一条昂贵的项链参加晚宴，结果项链丢失，用一生劳动来偿还。《项链》中的女主人公，搞不清楚自己是谁，陷入虚荣和攀比，提前消费了未来的资金，让自己陷入了悲惨的境地。

前几年借款P2P就属于这样的案例，消费远远大于自己的收入，本质上是高估了自己的能力，这就是不了解自己的表现。

就我所在城市的状况举例，大部分人收入是每月3000~6000元，生活支出2000元左右已经算过得很不错了，要是加上房贷，那么基本上一个人还房贷以后，工资就不剩什么了。

普通人一般都是要结婚生子的，我们就按两口子都是教师来计算一下一家四口的收入与支出的费用。

普通人辛勤工作，力求上进，家庭年收入达到20万元是有可能的。以我所在的小城市为例，我们家庭正常情况下年收入也就是20万元左右，每年的支出在5万元左右，正常情况下每年结余15万元左右，又有社保和大病商保，实际上非常可能建立拥有财富自由的未来。

我们普通人要的财富自由是建立在有工作的前提下。财富自由也只是一个有力的保障，并不是财富自由了就可以放弃工作，而是一个附加的设定——人生一旦遭遇黑天鹅事件，我们还有它作为最后的屏障来保护我们和我们的家庭。

财富自由是被动收入超过了生活支出。实现财富自由最大的难点是很多人一旦收入提高就随之提高生活支出，导致资金结余有限，始终无法产生资产，也就是没有能产生现金流的资产，无法内生性增长。

普通人无法实现财富自由的真正原因不是收入不高，不是能力不强，不是不会投资，也不是运气不佳，最大的原因是无法控制自己的欲望：收入每多出一块钱，就想花出去两块钱。这是很难实现财富自由的。

实现财富自由当然不是说要过得吝啬，不是对自己和家人在物质开销上面过分苛刻，而是量入为出，有多大本事干多大事，不去干超出自己能力范围的事，尤其是在消费和投资领域，要知道自己的能力边界。

巴菲特师承格雷厄姆，格雷厄姆传授给他一个重要的概念——能力圈。能力圈不在于有多大，而在于能不能意识到能力圈的边界在哪里，实质就是看一个人能否了解自己。

综上可知，实现财富自由的前提不是提高自己的能力，不是提高自己的收入，不是过度节俭，而是了解自己。这比其他事都重要，却也是最难的。

心目中的自己能力超群，实际上是不过尔尔。如果没有真实客观地了解自己，那么就有可能干超出自己能力边界的事，例如花费超出自己收入的钱去做可能并没有想象中那么高价值的事，其实这类事对于普通人来说不去碰是最好的选择。

了解自己可以从自己的收入开始。这是最现实的，也是最有价值的建议，因为这是社会对你做出的综合评价的一种形式。当然可能有偏差，但是大部分情况下是恰当的。然后使自己可以了解自己的成长性，一般来说每个人长期坚持学习七年就能掌握一门新技能，你可以看看是否能够从中发现不一样的自己，一个未来成长后的模样。

尽量不要迷信鸡汤，鸡汤可以在一定程度上抚慰我们的心灵给我们鼓励，但是事实才是根本依据，我们是什么样的自己心里应该有数。

如果实在想过一把英雄瘾，那么可以选择去看影视剧。

拥有财富自由是可能的，对普通人来说也是有可能的。

实现财富自由是被动收入超过了生活支出。普通人完全可以量入为出，进行存款和理财，拥有优质股权。长年累月下来，如果生活支出没有过度提升，那么完全可能实现财富自由。

实现财富自由之旅就是一个了解自己的过程，非常有趣。没有真正了解自己是什么样的人，这不能说不是一个悲剧，真的够遗憾，因为财富自由只是表象，心灵自由才是本质。一个不了解自己的人很难拥有心灵自由。根本原因是一个人如果不了解自己，就很难知道自己真实的需求。

例如我的真实需求就是安安静静看书，安安静静过日子，并没有很高的梦想，也没有改变世界的想法。一旦了解这一点，我就不太在乎我在别人心目中是什么形象。我不管别人怎么看我，我只要满足我自己真实的需求就可以了。我只想在一个无人的角落安安静静地阅读，由此我的生活支出自然就很清楚了，至少我很清楚自己有什么需求。

第三章

无节制的消费是实现财富自由最大的障碍

消费是现代社会发展的发动机，但是过度的消费对个人来说是沉重的枷锁，让人远离财富自由，甚至陷入债务陷阱中不可自拔。

因此，怎样克服无限制消费以实现财富自由？本章为大家从三方面进行分享。

第一节　消费是现代资本发展的发动机

假如我是一个工人，我努力工作，每月赚了钱后如果放起来一分钱不花，那么这部分钱就不再进入流通环节，无法给社会创造财富，当然存到银行也是变相地进入流通环节。

如果发了工资后，我拿出一部分钱付房租，一部分钱买衣物和食物，那么这就是消费了，正是消费在推动社会的不断发展。

假如我们都不花钱消费，社会就会陷入停滞，我们的工资也就发不出来了，因为我们生产的产品无法销售，社会就会陷入可怕的经济危机。

美国20世纪二三十年代的经济危机，本质就是消费停滞导致的。

正是各种各样的消费带动了市场的繁荣。

只有人数众多这一点也不行，还需要有强大的消费能力。当大量人口对科技发展有足够强劲的需求时，自然会涌现出一大批科技公司。大量涌入的资金会吸引来科技创新所需的人才和技术，科技也就能逐步发展、越来越好。

从某种程度上可以说，是消费市场催生了各类公司。

例如共享单车的兴起，这个新事物一出现就引起了大家的注意，主要原因是大城市确实存在“最后一公里”的交通问题。市场上有这个需求，那么提供者自然就出现了，但是一个市场一旦形成，一定会吸引来越来越多的市场竞争者，最后行业会形成一个稳定的局面（所谓的稳定就是供需关系相对稳定），优胜劣汰。

我最近回了一趟老家，正好赶上老家的电磁炉坏了，需要买一个，发现村里没有，需要走一段路才能找到售卖电磁炉的商店，最后无奈从网上买了一个。为什么村里没有人卖呢？主要原因还是消费端需求太少，村里很少有人用电磁炉做饭，没有需求自然也就没有供应，或者说有多大的市场就有多少供应。

现代社会发展迅速的一个主要原因就是消费需求快速增长，于是各类满足各种需求的、五花八门的公司便诞生了。有需求自然就有生产者，正是得益于需求的强劲增长，现代经济才能发展得越来越好。但是，随着现代社会经济的快速发展，消费也出现了过度增长的迹象。

下一节我们聊聊过度消费对个人财务可怕的伤害。

第二节　可怕的无节制消费

在现代社会中，消费已经深入人心，我们无时无刻不在受到消费的影响。当我们逛街的时候，公交车驶过，车身上是美容的广告；当我们回家乘坐电梯的时候，电梯里的视频广告正在“诱惑”着我们；当我们回到家打开电视的时候，各种消费品宣传扑面而来。

合理平衡的消费能够提高人的舒适度和幸福度，但是某些时候如果不能把持自己，很容易陷入过度消费之中，甚至失去节制，给自己和家人带来很大的麻烦。

估计大家对这些事可能都有经验：听说某套书好就“买买买”，结果堆了几十本根本不看。还有买了跑步机当晾衣架的，办了健身卡却再不触碰的，买了很多衣服却只穿一次甚至一次都没有穿过的，等等。

这些消费欲望是怎么来的呢？广告、朋友和同事的交流。

我曾经买过很多英语学习书，见到就想买，但是买了基本上不用，还曾经买了很多英文原版书，买的时候暗暗发誓要好好看完，但是最后都是使其蒙尘。仔细分析我自己的内心，当然这是需要时间的发酵，我最终发现这种买英语学习书的真实心理动机是我在英语方面很自卑。也许源头是在高中时代和大学时代英语没有学好，一直留有遗憾，因此自己潜意识里一直默默存着这颗种子，买英语书只是一种心理补偿，并不是真正热爱学习英语。可能很多人也有同样的经历。

每次搬家才能真正发现自己过度消费，那么多崭新的英语书最终被卖废品。卖完之后真正松了一口气，终于完结了，终于结束了，原来真正羁绊自己的是心理上的自卑。买了英语书后虽然没有学习，但是也没有真正放下这件事，内心里一直知道它们在那里，一直在那里暗暗地“嘲弄”自己。

我真正释怀的那一刻正是我认识到自己内心深处的那点隐痛的时刻。从此我发现要真正解决消费过度的问题，归根结底要先从物质上去找原因。具体的物质代表了心理欲望，有的是隐藏的，有的是显性的。

我们要定期丢掉手里长期不用的东西，当丢掉的那一刻才会真正反思为什么会买，然后就能知道自己的内心深处也许只是为了攀比。

人的心理非常奇特，不管面对的事物多么可怕，最可怕的时刻永远是未知的时刻。一旦直面，绝大部分心理上的恐惧都会自然消失不见，奇妙的人心。

因此，害怕不可怕，真正可怕的是不知道自己害怕什么，就像我一直在囤积英语学习的书，原来是一种内心的自卑心理在作祟。一旦真正了解真实的自己，那些心理都烟消云散了。原来学不好英语的自己也没什么不好的，恐惧自然就消失了。

良性消费对生活很好，但是过度的消费不仅仅是表象呈现的那样，这种行为实质反映的是内心深处的一种心理需求未能受到重视，一直被掩盖。

我曾经在2013年下功夫考了驾照，买了汽车，但是我很不擅长开车，买了三四年居然只跑了三千多公里，常常被人嘲笑。车停在那里，需要定期维护，洗车、保养、审车、保险等。我内心虽然十分厌烦，觉得车成了我的心理负担，但是却一直无法摆脱。

我真正下定决心卖掉汽车的原因是我面对了真实的自己。

从2013年开始，我感觉我的人生发生了某种本质性的改变，那就是我开始真正面对真实的自己，也许是读了很多这方面书的缘故，我开始认识真实的自己。我个人认为，认识真实的自己才是实现财富自由的开始。我认识到我不是自己心目中的英雄，不是理想中的无私和善良，认识到自己的怯懦和犹豫，认识了自己内心深处的恐惧，认识了自己内心深处的不安。于是，我辞掉了当了十年的班主任的工作，买了一辆山地车到处骑行，开始直面真实的自己。

回到买车这件事上，我为什么买车？我不是真的喜欢开车，也许开始尝试的时候喜欢过一点，但是并没有长期喜欢。我买车的真实原因是好多朋友亲人也买了车。

也许开始只是因为春节回老家看到别人都有车而自己没有车，也许是看到同事有车而自己没有车，也许是由于电视广告的宣传。总而言之，我买车的真实动机居然是因为别人都有车，因为我根本不需要汽车，从我家到单位步行只有不到十分钟的路程，根本不需要开车。

并且，我买车还有一个真实的心理因素，买车是为了给别人看，给岳父母看，给自己的父母看，给单位同事看，但唯独不是自己真实的需求。

继续直面自己，深刻分析真实的自己，我发现买车是为了让别人看也只是表层心理，真正的心理是我要让别人来觉得我过得很好，可以说是不自信，更多的是自卑，这种心理来自哪里呢？直到我有一次上雪球网遇到一位高人——“飞刀猩猩”。这是一位我内心非常佩服的牛人，因为她的真实，因为敢于直面自己真实的需求和面对真实的自己。

我尝试模仿她分析自己，发现这种心理来源于幼年时期，绝大部分是由于受自己父母的影响，当父母不重视孩子真正的需要，而是希望孩子按照父母喜欢的样子去做，例如当父母说你看邻居家孩子、朋友家孩子怎么样、怎么样的时候，潜移默化，自己就会慢慢掩藏真实的自己和需求，扮演大人希望看到的样子。

这种扮演会掩盖自己真实的需求，会遮盖真实的自己；处处为他人考虑，为他人牺牲，委屈自己也得不到别人的认同；活着不是为了让自己高兴而是为了让别人看起来自己很高兴。

当我认识到那么多真实的自己的时候，那一部汽车已经不再是我的负担了。我果断地处理了那辆汽车，心底非常坦然和高兴，一种发自内心的愉悦感充满全身。

当然做出这些决策都是经过了媳妇的同意，媳妇同意我卖车是因为她知道我开车水平太差，害怕我开车出事。

我曾经有个学生，非常优秀，高中时一直是年级第一名，高中毕业考上了一所名牌大学，但是两年后有一次我却接到一个催款电话，当时我很震惊，这孩子怎么可能去贷款？他家境还不错，怎么可能落到被贷款公司追诉的境地？慢慢了解才知道是过度消费导致的，他消费了自己承受能力范围外的东西。

那么真正让我感觉幸福的生活是什么样的呢？下一节中我们接着谈。

第三节　平衡是生活之道

从2013年开始，我清理了各种不喜欢的衣物，送人的送人，捐的捐，扔掉的扔掉。

我买了两套自己喜欢的衣物，买了四个季节各两套一模一样的衣服，三双运动鞋，整整穿了六年，运动鞋现在还在穿。不得不说一句，买得贵，往往质量也挺好的。买新衣服是因为2019年有学生对我说，老师你的T恤上有个洞，我才换了下来，又买了两套，扔掉了那一套。这是我真正穿破的衣服，扔掉的时候还恋恋不舍，因为这真是我喜欢的衣服。

实现财富自由正是从认识真正的自己开始的，不管是买东西还是理财，例如买股票，想持续稳定盈利都要先认识真实的自己是什么样的，否则长期下来必败无疑。

我说的是寻找自己的真实需求，但是绝不要用自己的标准要求别人，尤其是自己的家人。不但不应该教育家人，反而应该尽量尊重家人的选择，自己不喜欢买很多衣物，并不意味着家人不喜欢。也许是学数学的缘故，学数学的人一般比较朴素一点、认真一点。

适度的消费是必要的，但是炫耀攀比性的消费则可以休矣。要真实，是的，真实才是财富自由的基础。对自己真实、对他人真实。可以保持沉默，但是说出来就是真话，因为长期说谎话的人首先骗的就是自己的大脑。大脑是有记忆的，长期说谎慢慢地脑子就会记住，在生活中必然会反过来吞噬你自己。因此，真实首先就是不说谎，不欺骗自己的脑子。

我以前经常遇到这种情形，就是我不喜欢喝白酒，但是总有人来劝酒。我就会很不好意思，喝了又特别难受，不知道拒绝，不了解拒绝的方法。当我真实对待自己后，我就会直截了当地说我不喜欢喝，第一次也许很尴尬，但是时间久了就没有人来劝你喝了。

很有意思的一点是，我比较不喜欢大家一起聚餐，家人、亲戚的聚餐除外。

要知道，根据我对自己读书速度的了解，我每分钟能够阅读一页A4纸的文字，三个小时就能阅读一本书。更重要的是我不喜欢喝酒、聚餐，我喜欢的是读书，为什么要欺骗自己和别人呢？

我要做的就是明明白白告诉别人不用邀请我，我不去，因为我不喜欢。

读者朋友可能觉得这样会得罪人，其实不是，开始可能会，但是长期这样做以后大家了解了就不会责怪你了，反而会为你开脱，说你就是这样的人，不喜欢而已，不是对别人有意见。

自从真实对待自己，我发现我的消费实际上非常少，这可以从衣食住行上体现出来。

1. 衣

我的衣服六年换一次，即使买的时候价格比较高，六年平均下来也可以忽略不计。读者朋友可以想想你有多少衣服是一直放在衣柜里面不穿的。我总穿这两套衣服，都穿出感情来了，有非常喜欢的感觉。这是有很多衣服的人体会不到的美好感觉。

2. 食

我看过很多遍《重生手记》，该书作者是一个著名作家，罹患癌症，他反思过去的饮食习惯，放弃了大鱼大肉，基本以清煮食物为主，多年都没有复发。一个名人曾经说过，他有一次去一个僧院吃米饭，没有菜，只有米饭，吃的时候还需要慢慢咀嚼。他说那是他第一次真正吃出米饭的香味。

亲自动手、买菜做饭不但对身体有好处，而且对家庭和谐也有很大的好处。你会发现自己动手做饭非常省钱，消费是很少的。

就我家而言，住在一个小城市，全家四口人，自己在家做饭吃一个月1000元就足够了，再加上买牛奶之类的，一个月最多1500元，而且吃得挺好的。

3. 住

住房上面得益于时代红利，我们买第一套房子的时候每平方米只要1500元，第一套房子全款下来才十万元多一点。那时是2005年，买下后慢慢住着，住得挺好的。我还记得我媳妇说觉得房子越大越好，实际上，后来从小房子搬到大房子住，并没有感觉比原来好多少。房子够住就好，房子太大实际上打扫、整理非常麻烦，会增加自己买东西的欲望，买的东西可能还没有什么用，结果杂物、废物占据的地方很大，而买房子的费用是很昂贵的。

4. 行

自从卖掉汽车后，我连自行车都不愿意骑了，就是靠走路，上下班都能满足，每天基本上都会走一万步左右。上班的时候步行有很多好处，你听到过秋天的声音吗？树叶吹落，风扫过皮肤，这些让我的感觉更加敏锐，后来我了解到冥想这一修行方式，才明白实际上这就是冥想的一种。感知自己、感知世界、进行感知自己和世界的练习、感知身体内部的运行。

世界慢了下来，人心也会静下来。

第四章

财富自由的途径

前面几章我们谈过，真实是财富自由的前提，财富自由是心灵自由和物质自由的体现。人的欲望是无止境的，攀比和虚荣没有尽头，只有真实地对待自己、认识真实的自己、知道自己的真实需求才可能实现心灵自由，心灵自由了物质自由才有可能实现。

财富自由指的是被动收入超过了自己的实际生活所需。如果我们根本不知道自己的真实需求是什么，那么拥有多少财富也不可能真正实现自由。

真实对待自己就能知道自己的真实需求，也许是对于掌握某种技能的渴望，也许是对艺术的追求。无论是什么，这样就能知道自己的真实消费需求。这个确定了，才可能拥有财富自由。这意味着我们要考虑需要积累多少资本才能产生这么多被动收入，这些被动收入能够恰好超过或者高于你的消费需求。

第一节 复利

绝大部分理财书上都会提到复利的概念，因为这确实是一个伟大的概念。理解这个概念我们可以从两个方面着手，一个方面是物质财富的复利，另一个方面是专业技能的复利。

价值投资者巴菲特的投资收益，绝大部分是在六十岁之后赚取的。这就体现出复利真正的意义，复利开始往往是不起眼的。

我们可以举一个例子，假如你有10万元的初始资金，年化收益率能达到百分之十五，当然这个收益率是很难达到的，那么前五年只能增长一倍，也就是五年才能达到20万元。“这也太少了，”你肯定会这样说。我们继续算下去，十年后，变成了40万元，二十年后变成了164万元，三十年后就成了662万元。这就很惊人了，对不对？实际上这并不惊人。

我们做一个设想，你在二十岁开始投资，三十年过去只有五十岁，如果四十年后呢，那会是多少钱呢？2679万元。

也就是你六十岁的时候已经是千万富翁了，还害怕什么没有退休工资和货币贬值？

海阔凭鱼跃，天高任鸟飞。世界那么大，你也完全可以实现，何其美哉。

如果复利这么容易就能获取的话，世界上就不会有沃尔特·施洛斯这位“证券分析之父”格雷厄姆的大弟子，巴菲特的大师兄。在其六十年的投资生涯中，年化收益率就有15%，说明复利是很难获取的，那么复利到底难在什么地方呢？

我们来看这样一个案例：小李投资了10万元，第一年盈利百分之五十，这是非常可观的收益；第二年亏损百分之五十，这看起来也没什么，但是第一年是15万元，第二年亏损后是7.5万元，也就是两年下来净亏损25%，是不是很吓人！这就是获取复利最难的地方。

最难的地方是中途任何一年都不能出现大幅亏损，就类似于一个人必须每天都进步一点点，只要某些天不学习、大幅退步，就可能重新回到起点，甚至倒退。这就是复利的最难点，必须保持持续、稳定的增长，不能停。

巴菲特在这么长的投资时间内真正年收益超过50%的时候几乎没有，但是最后的投资回报却是46005倍。这就是复利增长的强大威力。尽管没有大幅增长的记录，但是最厉害的是只有两年的回撤记录。这正是复利的强大之处。

我们知道A股2018年大幅下跌，很多股票腰斩也不止，假如一个人2018年的收益是－50%，那么即使2019年行情好了，收益率是100%，这两年算下来也是颗粒无收，连利息都没有，更别说跑赢通货膨胀了。

我在2018年重仓兴业银行，全年下跌10%，2019年收益率是40%，两年算下来总收益率是26%，两年年化收益率不到13%，实际上已经属于整体收益率相当高的了。

我们可以看到很多人在2019年号称收益率翻倍，实际上两年算下来颗粒无收，而巴菲特和施洛斯那样的人投资历史长达几十年，在这么长的投资历史中巴菲特只有两年收益率是负数。

我们可以百度查看一下国内各大基金近十年的年复合收益率，你会发现一个“惊人”的事实，年化收益率超过20%的只有几个，其中的奥妙就是十年中不能有任何一年有大幅的回撤。

复利增长的概念是很美好的，但是实现是非常困难的，后面几章内容中我会谈一谈普通人如何才可能实现。

下一节我们聊一下普通人真正可能获得复利增长的领域——专业技能。

第二节　专业技能领域的复利

专业技能的领域是每个普通人最有可能获得复利增长的领域。

我还记得我2002年大学毕业的时候月工资只有700元，加上各种补助，大概每月有1000元，大概五年后工资涨到了2000元，算下来年化复合收益率正好是15%，不但能够跑赢通货膨胀，而且是分期分发，发到手里的工资积攒起来还可以买入自住房，再次获得资产增值。你看，真正获得复利增长最好的领域就是专业技能的领域。我还只是一个普普通通的中学老师。我平常最大的爱好是读公司年报，请大家看下表：

单位：万元、人

项目	2017 年 1—6 月	2016 年	2015 年	2014 年
1. 销售费用——工资、福利费及社保	515.17	897.92	726.61	480.95
2. 销售人员全年平均人数	100	91	89	84
年人均工资	5.15（样）	9.86	8.16	5.73
惠州市年人均工资	/	6.48	5.86	5.36
益阳市年人均工资	/	5.59	4.87	4.26

大家可以看到，这是一家民营公司，2014年人均工资达到了57255.95元，2016年几乎翻倍，年化收益率达到30%，都超过巴菲特的投资回报率了。

30%的年化收益率在投资界是一个“神话”级别的投资回报，但是在一个普通的民营公司就可以获得，因此真正想获得复利增长，最好针对的领域就是自己的职业领域。

专业技能领域中也是有复利增长的。2013年我卖掉汽车之前一直去4S店定期保养汽车。有次车载导航坏了，修车的是一个小伙子，看起来很年轻，就边修边与他聊天。这个小伙只有二十岁，却已经在4S店工作了六年时间。

这个小伙从开始每月只有几百块的工资到现在每月一万块的工资，还不算他业余时间的兼职费，非常了不起。我问他为什么不上学，他说学不会，不想坐着，但是去修车就愿意，非常喜欢就做下来了。实际上这个小伙六年下来的复利增长是非常可观的。

一般来说，每个人在一个领域内想要有成果，需要遵循一万小时定律，也就是李笑来所说的“七年一辈子”。一个人只要有心，每七年就能学成一门技艺。

我的天资特别差，是那种天生愚钝之人，直白点儿说就是有点儿傻，但是也有一个优点，就是知道自己有这些毛病。

我刚大学毕业参加工作，主要的时间也是用在专业上：做题、问老教师题、讲题，后来在图书馆发现了数学期刊，就将各种期刊找来看，真称得上是废寝忘食，专业技能上升得很快。这样做的好处就是工资和奖金的增加很多。

技能的复利增长也是同样的道理，最怕的是技能水平在某一年突然下滑，就是不学了、不研究了，满足于现状，很容易快速退化，那么很多年的努力可能就付诸东流了。我个人在英语学习上主要就是存在这个问题，经常打破英语的复利增长，一旦中断就必须重新学习，这是增长复利的大忌。

第三节　被动收入的复利

创造被动收入是实现财富自由的主要途径。

所谓的财富自由就是被动收入超过生活支出，因此如何不断地创造更多的被动收入就成了实现财富自由的关键性问题。

我平生最喜欢创造被动收入，这种创造很有乐趣，令人上瘾，乐趣无穷。这个乐趣的获得还是来源于一本风靡全球的畅销书《富爸爸穷爸爸》，里面主要讲述的就是如何才能真正实现财富自由，如何创造更多的被动收入。

即使是一个普通人，也可以创造出很多泉水般的被动收入，以我为例：

1. 职业被动收入

我特别喜欢做数学题、研究数学题，当然，这是我的职业需要，我也喜欢看中学数学专业报刊。我后来萌生一个想法，为什么不自己动手写呢？开始当然很难，基本上没有报刊内容能用，因为自己不知道基本的学术写作规范，格式不对、表格有问题、结构不完整、对问题的理解不到位或者没有新意等，但是只要一直不断努力更新，就会发现复利的增长。后来终于有一篇被采用了，接下来就容易了，我曾经在短短一个学期内发表了一百多篇大大小小的论文。当时稿酬是通过邮局汇款过来的，我看到了所有老师和送汇款单老师的羡慕眼神。

这个收入严格来说不能算是被动收入，因为需要不断付出劳动，这些稿件不会持续不断地带来收益，都是一次性收益，但是这个经历使我很大一部分收获产生在近几年知识付费的时代之中。

我经常需要使用各种数学资料，发现网络下载资料已经从免费过渡到了收费，以前很多免费的资源变成收费的了。我在想这可能是时代的变革，抵抗不过不如加入其中，从此我也成为使用知识收费方式中的一员。

我在写作中学数学教学论文的时候需要大量的数学资料，我平时备课和研究问题也会积累很多数学资料。积累这些东西给我很大的支撑，让我开始了网络付费的被动收入创造之旅。

这样的平台还是挺多的，有豆丁网、百度文库等。

将被动收入和职业结合起来，不但不会感觉工作量大而疲惫，反而增加了平时工作的乐趣，提高了积极性。

2. 利用公众号创造被动收入

公众号开始流行后，我发现了两个自己特别喜欢的公众号：一个是吴晓波的，另一个是六神磊磊的。前者是以讲解经济学为主，后者是以聊金庸武侠为主。吴晓波老师自带流量，后来公众号价值涨到几个亿。六神磊磊只是一个年纪轻轻的小伙子，写的文章非常吸引人，我特别喜欢。他的每一篇原创文章基本上只是打赏就能达到数千元，怪不得六神磊磊年纪轻轻就辞职专门做公众号了。

我也做了一个公众号，名字就是以我雪球网的昵称命名的：施洛斯008。开始的时候也是粉丝很少，但是我在雪球的粉丝还不算少，当时有三万多粉丝。我开始是打算做数学教学类的公众号，但是我发现其实很难做，因为同类的太多，而且实现被动收入很困难，因此我打算把教学类作为辅助或是附加值，把投资作为主线。

我对投资是发自内心的喜爱，特别喜欢，主要原因有以下三个：

（1）可以不通过人际关系获得不错的投资回报。

（2）投资是一个不断学习的过程，我一方面从研究公司基本面中获得了不同知识面的拓展和经营企业的参与体验，另一方面对自己的情绪和群体情绪的理解变得更加深刻，这对我更好地认识自己和世界有很大的好处。

（3）只有投资才可能真正实现财富自由。

很多观众喜欢看真人秀综艺节目，我也就类比真人秀节目做了一个财经公众号——施洛斯008，公众号主要内容包括：我对公司的理解与解读，如何阅读公司招股书、历年财报，如何估值，最核心的内容是我的投资真人秀，也就是我把自己的实盘账户公开，将每天的调仓、持仓、盈利等过程公开，让粉丝了解我的实际投资过程，认识投资，学习投资。

自从公众号定位准确，我的粉丝数量暴增，每天都有一百以上的新增，这给了我很大的动力：

（1）我需要继续认真对待自己的投资，尤其是基本面分析。

我本来就喜欢阅读年报和商业周刊，这推动我读得更加认真，同时写下自己的理解和分析，方便读者阅读。

（2）我获得了我自己相当满意的被动收入回报。

从公众号来的收入有三块：一是流量广告收入，每月获得的收入基本上相当于我的基本工资；二是读者的打赏，每月一般会有几百块钱的收入；三是收费阅读，例如我的一篇深度解读文章收费，可以每月再获得一份相当于我基本工资的被动收入。通过公众号获取被动收入有个好处，一旦写好就类似于书籍出版，获取后面的收入就不用我再花费成本了。此外，偶尔还有一些广告收入，相当于我开了一家自媒体。

（3）我获得了一定的知名度

实际上，我们现在所读到的这本书是这样来的，编辑通过公众号找到了我，让我写一篇文章试试，结果出版社的老师们相中了，就给了我这个机会写这本给普通人读的财务书——让我们普通人也能通过自己的努力获得相当程度的被动收入，从而解决退休养老的后顾之忧，甚至可能让我们实现提前退休的愿望，普通人实现财富自由也不再是梦。

我在雪球网上有时候也能帮到一些读者，上面也设置有付费回答问题和阅读文章打赏，每个月平均也有几百元的收入，虽然数额很小，但是任何微小的河流汇聚起来就能变成大江大河。

这些小小的被动收入慢慢会让人变得自信和从容，而且创造一旦开始就会慢慢上瘾，有一种特别大的成就感在里面，同时自己也取得了进步，能更好地认识自己和世界。

第四节　优质股权的复利

优质股权的复利积累是普通人实现财富自由的重要途径，但是实现起来难度很大。下面分三部分来讲一下优质股权积累带来的复利效应，分别是：为什么优质股权有复利效应，如何选择优质股权和投资优质股权的风险。

任何看起来美好的事物想要得到一般都潜藏着一定的风险，这是我们在经历过现实生活后都明白的一个道理，复利投资也不例外，选择优质股权进行投资更不例外。

我们听闻很多选择优质股权积累的投资人成功的案例，例如长年累月定投美的集团的“老大爷”，万科一上市就买入相当数量股权的刘元生。雪球网就有这样一位投资人，长期持有贵州茅台股权，并且把分红的钱再投入，已经身价过亿了。投资茅台的超高额收益足够让一个普通人实现财富自由。我在雪球上还认识了一位老师，这位老师前后投入一两百万的资金买入当时还算便宜的茅台，结果获利千万。这也是一个普通人实现财富自由的经典案例。我们知道无论是做基础教育还是高等教育的大部分老师收入往往是很有限的，但是这位老师通过优质股权的复利积累获得了足够满足自身需求的财富积累。

首先我们要问的问题是：为什么优质股权积累有复利效应呢？

公司是目前世界上创造财富的主要形式，我熟悉的产品基本上都是公司生产的，包括最先进的技术创新都来自公司这种形式。毫不夸张地说，公司是推动这个世界变得越来越美好、富裕的最重要生产形式。

各行各业都有大量的公司存在，例如石油领域有中石油、中石化和中海油等，通信领域有移动公司、联通公司和电信等，汽车行业有上汽集团、广汽集团、一汽集团、长安汽车、长城汽车等。这么多的公司，从股票投资角度来看，大部分属于平庸，只有极少数公司是菁华类公司，其中很多都已经成为所在行业的领军者，例如家电行业的格力电器、美的集团、海尔，酱油调味品中的海天味业，白酒行业中的贵州茅台、五粮液，榨菜行业中的涪陵榨菜，等等。几乎每个行业都有自己的优质企业。

这些优质的公司具备规模化的优势，做出的产品后可以通过扩大销量来降低成本，同时不断研发或者收购新产品形成自己的护城河，例如美国微软公司几乎垄断了操作系统行业，要不是移动通信的流行，这种垄断是很难被打破的。因为他们的策略很有效也很简单，那就是自己不断研发，发现后来者有可能颠覆自己，那就用大笔溢价购买，把竞争对手消灭在萌芽中。

这些优质公司往往都有提价权，也就可以不断战胜通货膨胀。公司每年产出的利润的一部分用来做现金分红，一部分留存下来做资本扩张。能够通过提价或降低成本远远超过通货膨胀的增长，从而产生复利增长的可能。例如一家公司长期净资产增长率达到30%以上，那么它在一般的情况下都可以抵御通货膨胀对资本的侵蚀。

普通人买优质股权，最好使用定投的方式。例如一个家庭每年能够结余10万元，每年把这部分钱的一部分定期买入股权，但我们是普通人，对优质股权的认知有可能出现偏差，因此最好分散买入十家优质公司股权。平均买就行，十万元平均分成十份，分别买入十家就可以了。

其次，我们需要思考的是怎么选择优质股权。

优质股权的识别方法很多，其中也有适合我们普通人的识别方法。

人生在世，衣食住行是每天都要考虑的。

（1）衣着方面的优质股权鉴别。

现代人越来越注重自己的外表，人们也越来越漂亮。随之而来，与此相关的许多行业内的优质公司也就涌现出来，当然对于优质的认识仍然有主观的成分。男装品牌例如雅戈尔、海澜之家就深入人心。女性佩戴的首饰企业有老字号的老凤祥，这些都是我们能看得见、感受得到的。我们可以通过自己的体验感受产品质量，通过别人的认识和喜好程度进一步判断一家公司是不是优质。

（2）食品方面优质股权的鉴别。

民以食为天。食品行业又有很多细分领域，例如饮料、白酒、零食、主食、调味品、药、保健品等。

国人公认的白酒行业内的好公司是贵州茅台，次之的是五粮液。贵州茅台在国人心目中不只是白酒，现在似乎已经兼具奢侈品、投资品、快消品几个属性。国内没有一家类似可口可乐那样的饮料上市公司，可口可乐口味不容易让顾客觉得腻，又很便宜，到处都有。国内类似的可以比拟的企业只有农夫山泉、娃哈哈了。

零食行业里有良品铺子、洽洽食品等，调味品行业有海天味业、恒顺醋业等。主食行业有克明面业、桃李面包等。保健品行业有汤臣倍健等。医药更是未来老龄化社会的阳光产业，以恒瑞医药为代表的医药股一直是长牛股，还有爱尔眼科。

（3）交通方面优质股权的鉴别。

现代社会的交通已经网络化，可以使用的交通工具有汽车、高铁、飞机。宁沪高速、粤高速、京沪高铁一直是大众看好的，还有上海机场这样的长牛公司。

除此之外，还有娱乐，我们平时周末一般都会去看电影。影视公司有万达电影、华谊兄弟、光线传媒等。我们平时要上网学习，常用的网站如人民网、新华网等。

这些都是上市公司，只要我们愿意，都可以做一个小小股东。

谈到这里，肯定有很多朋友着急，这么好的事，我怎么没早点儿知道呢？其实这种方式有很大的风险。

最后，我们聊一聊优质股权投资的几大风险。

第一，我们很可能无法识别出什么是优质股权。

你可能会说，怎么可能呢？你刚才不就介绍了很多优质企业吗？我们说它们优质是因为我们是站在现在的视角看企业的过去，但未来发展成什么样都有可能。这就像一个学生高中时代表现优秀，进入大学可能就不一定优秀了，毕业后其表现更是难以预料。最可怕的是我们以为是优质股权，实际上却不是，那么结果可能不但不会有收益反而可能会亏损。

第二，时代的变革使优质公司产生巨变。

我们二十年前可能无法想象现在手机的变革发展，现在诺基亚手机连很多老年人都不用了。当时的计算机行业让位给手机行业，包括摄像机和照相机的发展都是这样。当时的联想风生水起，现在不如当年那般辉煌；当时的微软横着走，但是现在也逊于谷歌。

20世纪八九十年代的电视机行业也是如此，当时的长虹、TCL多么蓬勃，但是现在呢？只有TCL通过面板重新崛起。

第三，公司管理层带来的风险。

有些管理层为了业绩好看或者为了谋取个人私利会铤而走险，进行财务欺诈，导致公司陷入万劫不复之地。这类案例不在少数，而且我们作为小小股东无法预判管理层的质量，如果我们长期投资这类当时看来是优质公司的企业很可能造成不可弥补的损失。

第四，投资者自身可能带来的风险。

有些投资者识别不出一个公司是暂时处于逆境还是会从此衰落，容易误判，在股市低迷的情况下割肉。控制这种风险关键在于投资者个人要有一定的情绪控制能力，仍然需要回到本书最初谈及的问题——能不能真实认识自己？如果能够认识到自己就是一个普通人，那就定投、分散买入，长期持有。

因此，我们可以看出，获得优质股权复利其实是有一定难度和存在一定风险的，尽量分散持有可以降低风险但不能完全消除风险，个人投资者本身的素养也是一个重要的影响因素。

第五章

利用专业技能获得工薪

有人彩票中大奖，会买豪华别墅，在各大商场疯狂消费，购买所有自己曾经想要的东西。

美国人威利·亨特曾经是一个典型的美国社会中产人士，拥有体面的工作，漂亮的妻子，聪明可爱的孩子。他是亲朋好友眼中的好男人、好丈夫。这一切直到1989年发生了改变。1989年，威利·亨特赢得了310万美元的密歇根州彩票头奖，成为当时世界上运气最好的人之一。可是，所有人看到的都是“幸运女神”对他的眷顾，而在威利·亨特身上发生的却是一连串不幸。在他买彩票中310万美元之后，一切都完全改变了，他开始堕落，生活毫无节制。2年内，妻子与他离婚，他失去孩子的监护权，工作变得非常不顺，财产疯狂缩水，还被控告谋杀未遂。律师透露，威利·亨特的所有财产都已用于离婚以及吸食毒品。可以说，威利·亨特的一切幸福都被这个大奖带走了。

当然，并不是所有的中奖者都是如此，也并不是所有的突然暴富都会有不好的结局，但是人生在世，总是妄想像网络小说中那样突然暴富是不切实际的。人生在世，拥有一项专业技能是十分重要的。

第一节　愿望与事实

我一直认为人最重要的是认识真实的自己，对自己要有一个相对客观的认识。这话说起来容易，但它却是世间最难的事。认识自己太难了，人是情绪的动物，脱离自己的情绪去认识真实的自己往往不是容易的事。

例如，我们很多人读巴菲特的传记懂得了巴菲特的复利之道，懂得了巴菲特的持股之道，可能会误以为年化收益率达到百分之二十很容易，甚至误以为自己也可以做到。这就不是对自己的客观认识，说到底是见识不够。

最近一百多年来，有公开记录的投资人能够做到年化收益率达到百分之十五以上的是很少的。沃尔特·施洛斯被公认为是投资历史上最了不起的一位投资人，他的有限合伙人去掉费用（施洛斯会抽取一定比例的利润给自己）后年化收益率也就是百分之十五。我估计很多人对此会大失所望，实际上股市中“七亏二平一赚”是基本规律，即使是大牛市中也不例外。普通人想获取大师级别的年化收益率基本上是不可能的。

另一个事实是A股上市公司能够达到百分之十五的也没有多少。很多优秀的机构，例如大家熟知的四大行现在的年收益已经小于百分之十五了，更何况个人呢。

如果我们慢慢了解上市公司的盈利能力，了解历史上的投资大师的年化收益率，就可能会对自己有一个相对客观的评价，而不是道听途说，很多小道消息说某某赚了多少多少，即使是号称最聪明的投资者都在其中，网上也有很多这样的“神人”，其行为本质基本上都是吹牛而已。

认识到这些的人就能相对客观地评价自己，减少误判。因此普通人设立一个合适的收益目标就很有必要，例如年化收益率达到百分之七以上。这已经很厉害了，我们知道银行收益最好的产品也很难达到这个水平。

哪些是愿望，哪些是事实，我们要分清楚。主要去扩大自己的认知，我总结最有用的是借鉴历史。历史上哪些目标已经被人实现过？实现这些目标的是什么样的人？我们和他们的差距有多大？我们可能弥补这种差距吗？如果不能，那么设立什么样的目标更符合实际？这就是使一个人认知更符合实际的过程，也就是使人更清楚地认识真实的自己和世界。

很多人一上学就在脑中植入一种意识：我要考清北名校。人生有目标当然是很好的，但是把愿望、情绪等和事实混为一谈就有可能坏事。

首先我们要认识一下客观情况，清北在本省招生的人数有多少？人数会不会随着时间的推移增加或者减少？然后看看历史上有人考上过没有。当然可能有，有的话看看自己和对方的差距。这种差距哪些可以补上，哪些无法补上？哪些可以后天学到？哪些是天生的？一旦搞清楚这些就能客观认知自己该设立什么样的目标。

其次，考上清北是一种愿望，但自己身上是不是具备这样的可能性是需要结合事实来分析的。

最后，一旦将愿望和事实分析清楚，一个人也就能够在不焦虑的情况下不断进取，而不是沉醉在幻想之中。而一个人要分清楚什么是愿望，什么是事实，前提是真实认识自己和世界，而真实认识自己和世界又需要有一个不断学习的过程。愿望和事实的关系是随着自己的认知能力的提高而不断变化的。

第二节 学会存钱

财富自由的秘诀之一就是不把钱花光。普通人能够拥有被动收入往往是很难的，一般而言，最重要的资金来源就是工薪所得。如果做个“月光族”，那么实现财富自由只能是海市蜃楼般的存在。

360创始人周鸿祎曾经说过，要想财富自由，只有创业。我个人认为他说的财富自由不是普通人的财富自由，是周鸿祎那种级别的财富自由，而且普通人通过创业真正实现财富自由的人是很少的，破产的倒是不少。我认为普通人实现财富自由的真正途径还是创造自己的被动收入：第一是房产，第二是证券，第三是知识财富。

对于普通人来说，另一个重要的投资途径是证券投资，特别适合工薪阶层人士的是定投。证券投资风险是很大的，前面我们说过，即使是投资优质公司股票也是有很大风险的，而且这种风险和我们自身的素质有密切的关系。如果我们从2001年开始每年买入100股茅台，即使分红不投入（即现金分红取出来用掉，而不是用分红再买入茅台），现在也有2000股了。茅台现价是每股2000元左右（2021年7月），即使只是每年的分红也够支撑小城市普通人一年的支出了。

当然，这种投资也是有巨大风险的，因为白酒遭遇塑化剂事件的时候，人们的投资情绪极度低落，能够在这种群体情绪中保持冷静坚持定投的人是不多的。

对于普通人来说，最好的投资还是指数基金，例如沪深300，指数基金是机械追踪指数，持有A股最优秀的几百家公司的指数基金，而且高度分散，也不需要担心流动性差。随着国家经济一年比一年好，沪深300指数也是节节高升，更不用担心基金经理的能力，因为指数基金是机械跟踪指数，费用自然也很低，摩擦成本也很低。

以沪深300指数基金为例：

年　份	2013年	2014年	2015年	2016年	2017年	2018年	2019年	2020年
盈利	−5.85%	53%	6.86%	−9.64%	23%	−24%	38%	18%

这种定投指数基金的优点是十分明显的，长期定投亏损的概率很小。当然最好是长期坚持十年以上，收益率是高于银行存款利率的，但缺点也是十分明显的，就是收益率有时会很低，不一定能够跑赢通货膨胀率。但长期定投下来，到退休的时候实现财富自由也是很有可能的。

最好、最快的方法还是投资房产和证券，房产代表的是固定资产，证券代表社会先进生产力。这两个在任何时间段内往往都是最值钱的。

财富自由的方式主要是投资，投资必须有本金，本金对普通人来说就是工薪中节省出来的资金。

因此，有钱了不要全部花光，存起来去投资。当然，最好的投资是打造自己的大脑，让自己的技能成为稀缺的。这样赚钱的能力就提高了，工薪所得就更高了。如果个人物质欲望没有随之提高的话，那么结余就会越来越多。如果你的物质欲望总是随着赚钱能力的提高而扩大，那么实现财富自由的可能性就不大了，因此我才说财富自由的前提是能够真实的认识，包括认识自己的物质欲望。

第三节　阅读

我经常在监考的时候感觉很苦恼，主要原因不是无聊，而是无法阅读。我这个人是这样的：只要给我足够多的好书阅读，外界我不是太在乎。

我所指的阅读包括娱乐和用于提高自己的阅读。娱乐图书我就不多说了，虚构类的图书一般都有娱乐属性，当然个别的也有很高的价值，但是总的来说还是非虚构类图书对人的影响力大，对我们认识世界和相对客观地认识自己有很大的好处。

阅读是提高认知能力的最好途径之一。受限于我们个人的实际活动空间和环境，我们的认知实际上是存在天花板的，例如老师由于工作关系看到的往往只是和学生、教学有关的事。

首先，阅读让我们知晓。已经发生很多次了，我曾经见到一位老教师因为没有评上高级职称痛不欲生，差点得了抑郁症，老泪纵横地说评不上高级职称的话就不能报销卧铺车票。读到这类已经发生过的事后就能够提前做好准备。实际上，卧铺票只不过高出几十块钱而已，却能让一个人痛不欲生，还是在一个五十多岁的老教师身上。

我们看到，有很多老师早就脱离了这些视野限制，有的老师在教学研究中产生创新之举；有的老师因为在班级管理中有很好的成绩，而且善于写作，成为全国名师，很多教育单位和学校邀请他们去传授班级管理之道。

其次，阅读不但能够让我们知道生活中历史上已经发生过的事，而且可以扩大我们的认知。例如沃尔特·施洛斯在杂志上的一个访谈记录的阅读帮助我开启了投资之路，阅读格雷厄姆的书让我明白作为一个普通人也可以投资盈利，只要把目标放得小一些，例如百分之十的收益可能就比百分之七的收益要高得多，而获得年化百分之十五的收益需要付出的时间和精力要比百分之十的高出许多，长期年化收益百分之二十对普通人来说基本上是遥不可及的。直白地说，阅读可以让我赚钱，赚到远远高于我工资收入的钱。

最后，所有的阅读都是有价值的，包括娱乐式阅读，最起码自己的心情会好很多，还有碎片化阅读。

我经常上雪球网读帖和发帖，这也是碎片式阅读和碎片式输出，这对我的性格和认知的影响也很大。自己往往很难意识到自己的缺点，但是通过互动交流能使跳出自己的局限，也就是进入元认知状态，也就是从上帝视角看自己，就会发现自己的缺点。别人的回复往往能够反映自己的某种真实情况，我在雪球有四万多粉丝，公众号粉丝五千多，每天都有大量的交流，这种交流的主要形式就是阅读和碎片式写作。

因此，任何阅读都可能有好处，包括碎片阅读在内。我经常见到有些专家大力批判碎片阅读就觉得好笑，不去碎片阅读的人难道就会阅读一部部经典书籍吗？

当然，经典书籍值得我们去阅读。我这里介绍一下如何找到那些好书，如果我读到一本好书，我就把作者记下来，根据作者名去找书，一般来说，优秀的作者写的书都不会差。另一个途径是寻找出版版次多的书，多年连续不断出版的书一般都是值得重复阅读的好书。

阅读是一面镜子，照出自己没有看清楚的自己。阅读可以让我们看自己看得更加清楚，认识细节会更加饱满，对自己和客观世界的关系的认识也能够更符合实际。

阅读的时候不要遇到不符合自己观点的就一概摒弃。要知道，一个人读某种内容很舒服，往往意味着这篇文章读者自己已经完全掌握了，是能力圈之内的东西，但如果长期停在一个固定区域之内，自己的思想和头脑也可能会被禁锢。

我们在阅读的时候，发现有些文章观点很幼稚或者很极端，那么别激动。我们不是为了改正作者而阅读的，是为了提高自己去阅读的。我们在阅读中要读的是那些和自己认知不同的和能够拓宽自己能力圈的东西，那些新的东西往往会给我们打开一扇新的窗户。我们要的就是这些新东西，至于那些不符合实际的观点可以置之不理，不要轻易否定。

阅读后的输出也很重要，如果只有阅读，那么很容易变成盛装书籍的容器。

我在历年投资中穿插阅读了大量图书，下面就说一说阅读的好处及阅读后输出的好处。

阅读《邻家的百万富翁》这本书让我明白量入为出的重要性，即使是身家亿万，只要支出远远高于收入也可能败家、破产，而且真正的百万富翁（当年的），现在的千万富翁甚至亿万富翁都是节省出来钱买入优质股权，而且这些百万富翁并不是大家想象中的创业者，大部分都是工薪阶层。我一直在践行这本书中的理念，目前积累的本金也是试验书中理念的结果。

《富爸爸穷爸爸》这本书让我明白了几个概念，一个是资产，资产是能够产生现金流的项目，有的房产是资产，例如出租出去的，有的房产让我们负债，因为一直在消耗现金流。正是这本书让我对房产产生了浓厚的兴趣并在不错的地段购买了房产。

这一点给我很大的启发，上市公司并不是有形资产越多越好，而是能够产生现金流的项目越多越好，而且最好是持续稳定的现金流。这类公司往往PB（市净率）能达到三四倍甚至十倍，PE（市盈率）却很稳定，就是因为公司每年稳定地产生现金流，而且每年都在增长，例如贵州茅台。

《股票作手回忆录》是一本我初入股市时阅读的书。我有个习惯，每次阅读后都会试验一番。读这本书的时候大概是2016年，试验赚了很多钱，这是事实，但是过程中太过提心吊胆。因为利弗莫尔这套体系最大的特点就是遇到危险随时逃命，我没有这样的时间和精力，而且把时间都花费在股票上我觉得不值得。后来就放弃了这种投资策略。尽管我放弃了这种投资策略，但是我仍然吸收了其中的有益成分，成为我现在的投资体系中非常重要的一部分。

陈江挺《炒股的智慧》这本书和《股票作手回忆录》类似，都是讲述“投机”之道，还有青泽的《十年一梦》。“投机”需要全身心投入，这还不是最难的，最难的是需要随时逃命。这一点对普通人是不适合的，因为普通人的心志不够坚定，抗挫折能力一般，多次斩仓很可能导致投资失去信心，最后沉迷在追涨杀跌中不能自拔，迟早成为七亏二平一赚中七亏的一分子。

《聪明的投资者》是一本适合普通投资者阅读和学习的书，作者正是巴菲特和施洛斯的老师，也是被称为“证券分析之父”的格雷厄姆。作者写作的初衷就是写给普通投资者看，其中核心的策略是股债平衡，建立一个组合，也就是选择几个行业中10个左右的龙头公司的股票，债券占一部分，定期在股票和债券之间进行动态平衡，股票占的比例高了，也就是股票涨了的话，就卖出一部分，买入债券；债券比例高了，也就是股票价格下跌的时候，就买入股票。

这套策略基本上就是一个机械操作的过程，不需要太多的个人选股操作和对大盘的判断，我个人认为非常适合普通投资者。

《证券分析》的作者也是格雷厄姆，该书比较专业。施洛斯退伍之后学习的就是这本书，他认为看懂了这本书也就学会了股票投资。实际上施洛斯说得没错，他的投资生涯长达六十多年，年化收益率高达百分之十五，这还是扣除费用之后的收益率。

《施洛斯资料集》严格说不是一本书，是美国一家杂志对沃尔特·施洛斯的采访录，由多篇文章集成的小册子。这是对我影响最大的一本书。我在雪球网和抖音的网名都是“施洛斯008”，名字的来源正是沃尔特·施洛斯。看了这本书我也进行了大量实践，实践证明是行之有效的，比格雷厄姆单纯的股债平衡提高了好几个点的收益率。

施洛斯的投资特点：

（1）极度分散。一般持有一百多只股票；

（2）不深入研究，不去见管理层，只是读报表；

（3）他把投资当作开杂货店，买进卖出的只是股票而已，对股票没有深情，把股票只是看作买卖的商品而已，要求每年获取绝对收益；

（4）只买低估的没人要的股票，买便宜货，价格高了就卖出。

《巴菲特传》，这本书我看了很多遍。巴菲特令人神往的投资经历真让人觉得他就是励志的典范，可惜我们普通人要成为巴菲特面临很多不可克服的难关。首先是悟性因素，巴菲特在很小的时候就做生意赚钱，他小学时候赚的钱就超过了很多大人。他父亲是国会议员，他年纪轻轻就考入名校，读研究生就跟着格雷厄姆学习投资。这些基本上是不可复制的。

我个人认为普通人根本学不会巴菲特的投资方法，当然这只是我个人的看法。

《巴菲特致股东的信》是巴菲特每年写给股东的信的集结，是真正的巴菲特的文字，其他的有关巴菲特的书都是别人写的。

巴菲特的投资特点：

（1）集中在几家自己真正理解的公司上；

（2）只投资自己能够理解的公司，所谓的能力圈；

（3）长期持有；

（4）浮存金保证巴菲特能够在“别人贪婪的时候他保持恐惧，别人恐惧的时候他保持贪婪”。

《穷查理宝典》是查理·芒格的一本书。作者是彼得·考夫曼，收录了查理·芒格过去20年主要的公开演讲。著名投资人李录是查理·芒格的学生。芒格是巴菲特的合伙人，被巴菲特称为是“把巴菲特从猿猴变成人”的关键人物。查理·芒格很有老贵族风范，投资时只投那些可能具有有形资产很少无形资产的优质公司。这些公司能够产生远远超过自身有形资产数量的现金流，例如喜诗糖果公司、比亚迪。

《风生水起的博文》的作者风生水起是国内个人投资者中的重要人物，专注于投资小市值成长股，集中投资，长期持有。公司业绩一般的时候潜入，业绩爆发的时候卖出，享受公司快速成长的那一段收益。

我在2020年转入小市值公司投资也是因此，目前我的投资策略包含沃尔特·施洛斯、利弗莫尔、巴菲特和查理·芒格、风生水起的策略，形成了我自己的投资策略。主要得益于以下两个方面：

（1）阅读：不断地阅读，获得新知。

（2）试验：我对阅读中习得的投资策略进行小市值试验，观察是不是适合我。

第四节　睁眼看世界

我在进入股市之前很多年就已经研究投资了，可是为什么一直没有进入股市呢？主要原因是我不知道怎么开户，当时开户必须去证券营业厅当面开，我不知道券商营业厅在哪里。我在工作七八年后甚至都对所在的城市很陌生，我是根本就没有看过这个城市地图，整天都在校园里面，券商营业厅在哪里不知道。上面的经历我在雪球网上发出。很多人评论以为是段子，实际上不是，这是事实，而且下面的跟帖中有相当多的人表示有相同的经历。

我在大学毕业找工作的时候也遇到过这样的问题，包括后来想去珠海工作也是因为实际事情处理能力不够，有很好的机会没有抓住。这和个人的出身环境是有很大关系的，也和个人性格有密切关系。实际上，我们在某种程度上是环境的产物，要想脱离这种无形的约束，除了阅读这个途径之外，另一个途径是去看世界，所谓读万卷书、行万里路。

因此，后来我有条件之后就经常带着孩子全国各地到处游玩，主要就是想培养孩子和我自由移动的能力。现代条件好多了，各种问题都可以在网上解决，可以网上支付，挺好的。

对世界的真实认知来源于很多方面，例如别人的教训。能够从别人的错误中吸取教训的人都是绝顶聪明之人，芒格也说过类似的话，当然生活中大多数人连从自己的错误中吸取教训都做不到。举一个例子，看到别人把钱放在投资担保公司，结果担保公司“跑路”自己血本无归，那么就该对这种投资方式高度警惕，将那些公司列入黑名单。例如，看到有人网贷被骗结果倾家荡产，那么我们自己就应该对这种借贷方式高度警惕，最好直接删除。再如投资中，我们见到很多人从基金到股票做得很成功，但是后来嫌弃赚钱太慢，就去投资期货，导致入不敷出，负债累累，那么我们就该知道这种投资方式很可能不适合普通人，远离是最好的处理方式。

睁开眼看世界的方式有很多，阅读、吸取他人的教训、阅览祖国山川河流、了解人情世故、学习各种实际处理问题的途径等。我们应该做的是找到自己在其中的盲点，多尝试一下，打开新的大门。

第六章

选择优质股权是正途

选择优质股权是正途是我读完冯时能的《冷眼分享集》后的一点感悟。对于我来说，有很多地方值得学习和借鉴：

(1) 专注：专注投资数十年，拿到年报的当天必须读完，收集了非常多的年报，还剪辑了不少值得收藏的年报。工作之余没有任何其他娱乐活动，不看电视，不看电影，就是读年报。

(2) 专注于投资领域，找到已经证实行之有效的方法去投资，成功也会随之而来。

(3) 投资要快乐：如果投资带来的是不能夜夜安眠，而是坐卧不安、心神不宁，那么这种投资本身就是有问题的，应该及时反思。

(4) 长期投资优质股权：搭上一艘稳定、快速航行的大船，用自己的钱当船票，分享航行中获得的收益。

(5) 投资和阅读有密切关系：阅读也要专注，就是专注投资领域、股票领域，主要阅读材料就是公司公告。

第一节 利弗莫尔“投机”之道

《笑傲江湖》是我一直喜欢看的小说，从大学开始到现在少说也看过三十多遍了，是华山派剑宗与气宗之争导致了华山派的没落。剑宗只剩下风清扬等人，气宗勉强胜利，岳不群这个著名的伪君子成为华山派掌门。可是华山派从此日渐式微。华山派剑宗类似于投资中投机一派，这与利弗莫尔的经历十分相似，曾经从一个穷小子变成亿万富翁，因为投机就是有可能在短期获得超高的收益。投机的缺点也是很明显的，容易大起大落，利弗莫尔就是一个很好例子。

华山派气宗的发展类似于投资，练起来很麻烦，赚钱很慢，但是持续性好，稳定，避免了大起大落，投资中的代表人物有格雷厄姆、沃尔特·施洛斯，还有巴菲特等。

岳不群为什么那么弱，也是因为资质太差，不然华山派剑宗和气宗也不会对抗那么久。

剑宗对气宗不屑一顾，气宗对剑宗也是深恶痛绝。投资对投机不屑一顾，你看格雷厄姆在《聪明的投资者》中开宗明义，痛斥投机者一番。投机对投资也是如此，利弗莫尔在自传中也是在开始时对投资者嘲讽，和格雷厄姆不相上下。仔细看两人说得似乎都非常有道理，这就难办了。

两人看起来都对，这是不是读者在判断和认知方面出了问题呢？我认为不全是。气宗凭什么看不起人家剑宗，打不过不就该学学吗？剑宗为什么看不起气宗？气宗能最终夺得掌门之位，凭借的不是自己的智慧吗？智慧不也是一种强大的武器吗？投资看基本面是没错的，可是时代一直在变化，例如IDC领域，那么高的市盈率在很多投资者眼里根本不值得进行投资。事实上，这也许是投资者自身对估值的理解不够深刻。

投资者一味地看不起投机者就有问题了。你持有一只很有价值的股票，但就是不涨，这里面是不是也有问题？格雷厄姆也说过，一只股票持有三年不涨就是自己出了问题，倒不一定是投资者出了问题，也可能是市场情绪导致，就是不认可。

而投机对投资者就很重要了，既有价值又有短期上涨的可能岂不是更好？投机者也不必看不起投资者，没有任何价值地炒作，最终泡沫是要破灭的。你怎么知道自己能不能跑掉，利弗莫尔不就没有跑掉？投机和投资各有长处，非要对立起来都是偏见在作祟。

兼容并蓄，吸收两者之长才是遵循事物发展规律的选择，别让偏见蒙蔽了自己的双眼，别自己给自己制造监牢。毕竟我们的投资都是有成本的，选择了这个就意味着放弃了那个，这里不涨那里涨也行是一种自我欺骗，你的每一次投资都是有成本的。就像徐翔所说，最好买了就能涨，涨得还要快。如果加上有价值，那就立于不败之地了。

利弗莫尔是美国最著名的投机者，曾经破产过，也曾经如意得连官方都请他帮助，多次站在人生的巅峰，最后却饮弹自尽。利弗莫尔非常聪明，这是普通投资者学习他首先要明白的一个事实，需要知道自己是不是有他那么聪明。投机成功需要很大的聪明才智，最大的特点就是在有利的时候敢押注，不利的时候逃得快。这不是大多数人具有的能力。

利弗莫尔投机方法基本不看标的质量，任何标的都有可能成为投机的目标，包括做空，这是格雷厄姆所极力反对的。事实上，巴菲特和施洛斯很少做空。据我所知，施洛斯一生就做空过一次。

做空和杠杆投资都是格雷厄姆所反对的，但是利弗莫尔却恰恰相反：追求暴利，不怕破产。事实上，利弗莫尔多次破产后都是靠借钱东山再起的。我们也有很大一部分投资者是利弗莫尔的追随者，例如青泽，《十年一梦》的作者。投机就是这么难，看准了不算，看对了也没用，走得早了不行，走得晚了更不行，必须刚刚好。

回到利弗莫尔身上，利弗莫尔的投机特点是提出关键点买卖法。利弗莫尔认为，股价便宜不是买入的理由，当然贵也不是理由。买入的唯一原因是股价在持续上涨，而且一次比一次高，在关键点位置加仓。卖出也不是在最高点，而是在高点下滑一段时间后。

这种方法就是追踪价格的变化，利弗莫尔认为股价本身体现了最真实的信息，市场总是正确的。

我不认同更不喜欢这种做法，可是如果设想你是你们家族的基金经理，你不想让家族失望，那么或许不需要每年都赚钱，但最好每年都不亏钱，也就是回撤很小，确定性很高。那么如何才能做到呢？当然，投资标的估值要足够低，但是估值低的标的可能有很多，如何选择？当然是选择那些今年能够上涨百分之五十且确定性高的。

这时候利弗莫尔的关键点法就有了用武之地。在这么多的低估标的中，可能从股价变化中找到更大概率上涨的标的，选择一两个概率最大的买入就是一个很不错的选择。这种预测也许是错误的，但是由于标的本身还是被低估的，只需要长期持有，还有可能获得投资回报，如果短期内上涨到一定程度，就能提高资金利用效率。

使用这种方法最大的障碍是人性的弱点，人性中有一些缺点：喜新厌旧、好逸恶劳、傲慢自大等。其中好逸恶劳就是投资中的一个重要障碍。一个人一旦适应了轻松赚钱，也许就做不到辛辛苦苦坚守低估标的了，这时候“牛人”就会出现。有些人就是能够穿梭在各种不同的投资策略之中，不拘泥于任何局限，纵横捭阖、我行我素，但却收获到常人难以企及的成果。

第二节　格雷厄姆的证券分析

《聪明的投资者》作者是格雷厄姆，写前面序言的是格雷厄姆得意弟子巴菲特，后面还有巴菲特的长篇附录，有一大批格雷厄姆和多德的追随者，其中就有普通人最值得学习的榜样沃尔特·施洛斯。这些投资“牛人”的收益情况附录放在书后，这些人都大幅战胜了市场。

我的投资收益目标是拿到三年定期存款利率和5%的股息。这是我追求的目标，这样的目标在2018年其实就达不到，所以这个也只是平均收益目标。

格雷厄姆的天赋惊人，怪不得巴菲特在上大学听格雷厄姆的课时常常被同学戏称其和老师是二重唱，两人的天赋都是高得吓人。格雷厄姆毕业的时候，学校给他三个职位：数学、英语和哲学教职，但是他都没有接受，而是选择进入证券市场“冲浪”。从这几个教职也可以看出格雷厄姆擅长的领域。这本书语言通俗易懂，尤其善于使用比喻，例如市场先生，讲述的投资逻辑严谨，着眼于数字证据，又能将科学应用于实践，相当于在投资中融入了自己的哲学理念。

投资领域有很多赶时髦的人，有“茅台粉丝”，有各种“药粉丝”，各种“酒粉丝”。反正只要一个题材火了，就有一大帮跟风者。格雷厄姆称这类人为天资赶不上聪慧的投资者，他们因为追求卓越、赶时髦而栽了跟头。格雷厄姆派的弟子都倾向于保守投资。

证券投资的历史，尤其是A股历史，需要尽可能地掌握，要理解并记忆A股的基本常识。我们需要掌握不同股票在不同条件下的表现，例如市场交易活跃的时候，证券价格就会上涨，交易淡季时证券价格就会下跌。例如，商品价格上涨和厂商股价也有一定的正相关关系。再如A股以往的历史中有两桶油（中石化、中石油）的大涨意味着牛市结尾的说法。现在正在发生的也终将成为历史，记录现在的事情也是在记录历史，例如A股2018—2019年熊市中酒业、药业的行情。熟悉股市历史，也就相当于掌握了一定的常识，和数学解题一样，使用投资中的常识就能解决大部分问题。

《聪明的投资者》的写作风格值得学习，语言通俗易懂，我发现高手在书中很多方面往往很大众化，举的例子是早就闻名于世的例子，能让人快速接受其中的内涵。

格雷厄姆在书中写道，公众认为证券具有巨大风险和高度投机性时恰恰最具有投资价值，随后会产生巨大的涨幅，反之亦然。所以，格雷厄姆对保守投资者提出股债平衡的建议，25%~75%的平衡。施洛斯也是保持每年25%的换手率，目的之一是有事做，克服人性中总是想做些什么的冲动，且容易获得与众不同的满足感。因为你的选择总是与大众相反，而巴菲特则不是，因为他可以克服人性的这一弱点。热门股的特征之一是：股价的上涨幅度远超过利润的增长幅度。

该书是写给普通投资者的，选择的企业是适度分散、知名、大型、一定的市盈率，股息能够保证长期、稳定持续发放。该书后半部分中有一小部分内容是给积极投资者的建议，对八组公司的情况进行对比研究，是特别有意思的研究。这些公司有的是业务相近，有的是名称相近，甚至有的只是代码相近。这比单纯地研究单一企业有趣得多，很像我常常在课堂上进行的多题归一、一题多解的研究。没有对比就没有伤害，有了对比更加有趣，对提高投资理解力很有帮助。

格雷厄姆的保守不是指表面的保守，而是指公司的账面价值远远高于股价。要知道投资的预期收益与买入成本呈负相关关系，买入那一刻就已经决定是不是投资，因为买入时，如果价值高于价格就是投资，否则就是投机，安全边际就是价值减去价格。保守投资的核心概念是：安全边际。

该书中对使用择时与技术分析方法不能持续稳定盈利的原因进行了分析，我每次重读都认为很有价值，也是避免犯错误的经典分析，建议读者多看看。该书还对牛市特征进行了记录：

（1）价格创历史最高；

（2）PE高；

（3）对比债券来说，股票股息收益低许多；

（4）大量质量较差新股发行。

股市中的任何赚钱方法只要容易理解并容易执行就会因为被更多人接受而不可持久使用。那么为什么格雷厄姆式的投资方法可以长期有效呢？原因也许就在于巴菲特所说的那句话："人们要么是瞬间接受以40美分买进1美元的东西这一理念，要么永远也不会接受这一理念。"更何况就是接受了这一理念也不一定会知行合一，在短期失效的前提下能不能继续坚持是未知的。

第三节　沃尔特施洛斯的烟蒂股投资

我的雪球网昵称是"施洛斯008"，原因是沃尔特·施洛斯是我学习的榜样。

施洛斯的投资思维最值得我学习模仿，我的投资实践也证明了这一点。

施洛斯师承格雷厄姆，是巴菲特的大师兄，但是施洛斯是格雷厄姆投资思想的忠实继承者。虽然随着时间的推移，格雷厄姆的选股标准已经过于严苛，市场上已经没有几只满足该标准的股票了。施洛斯在格雷厄姆的基础上降低了选择标准，用市净率作为重要的考核标准，但是从整体来说，施洛斯在其他方面基本完整继承了格雷厄姆的投资思想。

巴菲特由于天赋异禀、不断学习，不但在选择标准上改变了格雷厄姆的原则，而且在看待企业的方式上进行了本质变革。巴菲特已经完全把自己当成企业的拥有者，而不是部分拥有者，甚至在不满意管理层的情况下更换经理人。巴菲特在看待企业方面受到芒格的巨大影响，对企业无形价值更加看重。这和巴菲特有超级强大的识别人才的眼光有很大的关系。

我自认是普通人，即使是在普通人中也是中下之资，虽然巴菲特和芒格在很多方面给我巨大的影响，可是在投资方面我还是认为施洛斯对我的帮助最大。

施洛斯高中毕业，出身贫寒，只是在夜校认识了老师格雷厄姆。可想而知，施洛斯资质一般，他不但长寿而且投资表现超凡，一点也不逊色于他的师弟巴菲特。相对而言，巴菲特则出身富贵之家，父亲是国会议员，芒格也同样出身富贵，出身哈佛世家。巴菲特的本科在名校就读，对没有被哈佛大学录取其实是有些心存芥蒂的，读研究生就是奔着格雷厄姆去的。他毕业就有一个相对好的环境，属于天生就站在巨人肩膀上的人。事实上，巴菲特家的人际关系在巴菲特早期投资中起到了十分重要的作用，最起码那些人人品优良，都是熟人出资。

施洛斯最大的资源就是老师格雷厄姆，他先是参军，转业后跟着老师做投资生意。格雷厄姆解散公司后，施洛斯在老师公司积累一定声望的基础上组建了自己的私募公司，从此开启了长达六十多年的投资生涯，鲜有败绩，可以说没有一年败给指数，真是很了不起。

施洛斯选股的标准就是选择制造行业中股价很便宜的公司。这里的便宜指的是市净率很低，至少有二十年的经营记录，负债很少或没有，分红稳定。买入时机一般选择近几年价格的低点时刻。这样的低点一般是取消分红、盈利巨亏、行业没落等原因造成的，尤其是本来分红稳定，可是突然业绩太差取消分红导致股价大跌的。这样的时机施洛斯抓得很准。

施洛斯买入和卖出都是分批进行的，而且大量分散投资，最多的时候持有一百多家公司的股票，最大占比是10%。一般是先买入一部分，继续下跌就分批买入，股价恢复到施洛斯心目中的位置的时候就开始卖出，也是分批卖出。这样就导致有些股票刚卖出一部分股价又下跌，就停止卖出，于是手里面慢慢就积攒了很多公司的股票。

由于施洛斯买入的公司常常是所在整个行业都陷入了低估的，属于当年的铁锈地带，类似现在的汽车行业，因此他等待股价恢复的时间也比较长。施洛斯一般四年换一次仓，也就是年平均换手率是25%，有些股票一直不涨，或者虽然涨了，但是公司经营越来越好就不舍得卖了，有些股票持有五六年之久。这和巴菲特差得很远，巴菲特有的公司股票持有已经有半个世纪了，但是施洛斯的年化收益率一点也不比他不逊色。

施洛斯买入股票的公司的种类太多，施洛斯也自认不善于识别公司管理层水平的高低，就只是通过阅读年报来投资，是典型的书生做派。因此他一般是先买一点，买入之后慢慢熟悉公司，可能会发现以前没有发现的缺点和优点。这点我是感同身受的，一旦买入一家公司，哪怕只是100股，我也会不由自主地关注这家公司的一切消息，不管是现实生活中还是在新闻中都是特别关注，公司一发公告也是特别敏感。

施洛斯是一个极简主义者，办了公司也是只有他和他儿子两个人和一部电话，连办公室也只是一间衣帽间，简单到了极点。

施洛斯的私募公司对客户极好，这些客户大部分也不是有钱人。这和巴菲特也不一样，和巴菲特交往的非富即贵。施洛斯一般都是替普通人管钱，这就导致施洛斯和巴菲特在分红上完全不一样。巴菲特从不分红这是全球皆知的，而施洛斯却是将每年赚到的钱全部分红，因为很多投资人就是靠这笔分红生活的。当然，要是投资人愿意也可以把分红留到基金里面。施洛斯不收管理费，只从盈利中收25%的业绩提成，但是如果亏损就需要施洛斯将来自己弥补回来，不但没有管理费还要赔钱，因此施洛斯对每年的收益回撤控制得很好，管理基金就像管理他自己的钱一样。历史上，芒格的基金就曾经出现过大幅回撤，这和芒格的投资风格有很大的关系，但是巴菲特的历年回撤也很小。格雷厄姆这个老师是真厉害，他的学生个个都学会了保守主义思想精髓。

最重要的是施洛斯还活得很长，2008年这位老先生还在股市里面遨游，投资生涯延续六十多年。他比很多人活得都长，指数增长六十多年后这笔钱的金额大得惊人，是5000多倍，也就是开始投入1000美元，2002年就变成了500多万美元。

除了投资思想给我很大影响之外，施洛斯为人方面也给我巨大的影响，那就是对待自己要真实，要明白自己的长处和别人的长处。不能把两者混为一谈，更不能把幻觉当真实。施洛斯在访谈中一直在说巴菲特很了不起，都说到点子上了。他说自己不是巴菲特，做不到巴菲特那样投资，也没有巴菲特的眼光。作为同行兼师兄弟，施洛斯能够说到这个程度，一点儿都不嫉妒，说明施洛斯不但道德高尚，更重要的是他对自己的评价够真实，能够明白自己的能力边界，知道自己的能力圈。

知道自己的能力边界，知道自己的能力圈，这是绝大部分人都做不到的，坚守在自己的能力圈内更是难上加难。施洛斯能够坚守自己的能力圈，始终不跳出来，已经是很了不起了。巴菲特就更了不起了，不但知道自己的能力圈范围，而且能坚守自己的能力圈，甚至可以通过不断学习和进化，不断扩大自己的能力边界。这和很多普通人看了一天书就要扩大自己的能力圈不一样，巴菲特是通过几十年时间的学习去扩大的。巴菲特当年坚决不投资高科技产业，到现在大举投资苹果，这种进化坚持了整整半个世纪的时间。

因此，我说我绝对学不来巴菲特的作风，也学不来天赋异禀输得起的芒格的方式，我只能勉强学习一下施洛斯。年复一年，日复一日，保守投资。年化收益率达到15%以上我就非常满意了。这个收益率目标长期来看是非常难以达到的，世界上没有几个人能达到，更别说六十年投资几乎每年都盈利，少有亏损。所以我可以学习，但不至于狂妄。

沃尔特·施洛斯和其他价值投资者一样，都是长寿投资者。其1916年出生，2008年，也就是92岁高龄时居然还活跃在投资领域，创造了纯粹纸面投资的高收益记录，所谓纸面投资是只通过财报选择投资。巴菲特投资中石油就属于这类投资，巴菲特没有调研中石油的实际情况，只是根据招股书就投了。这是巴菲特投资生涯后期很少做的事。

沃尔特·施洛斯2012年去世，有记录的投资历史就长达六十余年，他活到九十六岁。那么施洛斯为什么能这么长寿而且其投资历史会这么长呢？

（1）长寿的根本还是得益于良好的基因；

（2）除了基因外，良好的生活习惯也是一个重要因素。格雷厄姆师徒群体有一个鲜明的特点：他们普遍拥有良好的生活习惯。其中包括：不抽烟不喝酒，甚至都不投资烟草公司，因为道德因素；生活节奏稳定；不惹麻烦；持续长时间地投资。

（3）施洛斯控制的资金规模相对很小，只有一千多万美元，多的时候也只有一亿美元多一点。这在美国基金领域是很小的规模，而且施洛斯对老师格雷厄姆有样学样，不但不增大资金规模，反而总是嫌资金规模太大，经常让投资人拿回一些资金，每年都把当年的利润分红给投资人。这种节制自己欲望的习惯可能对长寿很有好处。

（4）平时喜欢投资，喜欢工作，但不喜欢工作压力大，期望生活压力小，这可能也是长寿的原因之一。节劳节欲是长寿的一个重要因素，敬畏天命，懂得惜福。

（5）不断学习，每天就是了解商业信息，读财报。这种学习可能对人的长寿有极大的好处。根据《繁荣的代价》这本书的调查，延迟退休的国家比不延迟退休国家的老人智力因素更活跃，更不容易罹患阿尔茨海默症。

（6）喜欢有点儿事做，拒绝事太多、太大，施洛斯的换手率是每年百分之二十五。

（7）没有永远不卖的股票。施洛斯在投资中不钟情、只投资，类似于经营社区门口的杂货店，买入等待但不吆喝售卖，被动等待买主登门。施洛斯的投资历史回撤很小，可能和私人合伙公司背负业绩压力有关，也和施洛斯赚取利润的方式有关。施洛斯不收取手续费，也不要其他费用，只收取每年利润的百分之二十五。适度的、中等的压力有利于大脑活跃，有利于满足身体机能的竞争性需求。

（8）施洛斯喜欢买入历史新低的股票，而且是分批买卖，施洛斯认为股价越低反脆弱性越强，股价越高就越脆弱。因此股市的涨涨跌跌可能对施洛斯不构成压力，反而可能是使其喜悦的因素。

（9）不把错误放在心上。这一方面说明了施洛斯心胸开阔。另一方面说明施洛斯的成长性不足，和巴菲特一直在进化好像有一些差距，但是施洛斯喜欢如此，喜欢是世界上最好的理由。

（10）施洛斯的选股标志极其简单：PB低，负债少，是制造业的。对于这简单的标准的考虑也许让大脑的消耗少了许多，不用耗费太多精力。

第四节　巴菲特和芒格的集中投资

一个人说要向沃尔特·施洛斯学习估计没有人嘲笑，但是如果一个人说要向巴菲特学习，那么一定有很多人围观嘲笑一番。原因可能有两个：一个是施洛斯是已经去世的一位投资家，而巴菲特仍然健在；另一个是施洛斯没有巴菲特那种明星气质，巴菲特的名言警句不少，虽然巴菲特没有写过一本书，但是巴菲特说的话却到处都在传，关于巴菲特的书更是不计其数。

这两个原因导致巴菲特好像某个神祇一样，而施洛斯只是一个凡人。不过，请大家注意的是一个人学习某个人，并不是想成为这个人，只是想学习如何拥有这个人的某种能力。不要混淆。

估计这个世界上不会再有另一个巴菲特了，妄想成为巴菲特的人大多不过是幻想拥有巴菲特那么多的财富罢了。这样的人根本就不理解巴菲特的优点是什么，更别提成为巴菲特了。

巴菲特有很多特质值得学习，先从语言表达方面来说，巴菲特的语言阐述师承老师格雷厄姆，能把复杂的东西讲得简单、明了，能够让普通人都能理解。这点和爱因斯坦很像。我作为老师天天给学生上课，能不能把每节课的知识讲得让成绩一般的孩子也能听懂？能不能把高深的专业术语说得浅显易懂是一个较大挑战，你说值不值得学习？而且这种学习也可以循序渐进地实现，常识方面一点点进步，能够把话说得简单、明白，善用比喻和类比，例如巴菲特把能力圈类比为三尺之栏，把好的投资机会比喻为打孔，把公司债务比喻为绑在方向盘上的尖刀，把大环境不好比喻为就像遇到颠簸的公路，随时可能出车祸，这些比喻既浅显易懂又深刻揭示了复杂事物的核心特征。我们写文章要是都这样，那么读者一定会有很多的。类比一下，如果我们老师都这样讲课，那么学生一定会很喜欢这门课。

成长方面，巴菲特提出了内部记分牌这个概念，值得我学习一辈子。我的母亲非常强势，我的性格自小比较弱，过度看重外界的评价而忽视自己的感受，这是没有内部记分牌的标志。内部记分牌是长期形成的，尤其是在儿童时期，并不只是注重自己的感受，更重要的是建立评价对错和价值大小的内部标准。这个标准如果和外界产生冲突，必须保证这个内部标准是自己真正认同的，而且不和社会道德和法律相冲突。这个标准的建立需要通过长时间来进行强化。

投资方面，巴菲特经历了从投资烟蒂股到投资可口可乐这样的现金牛。自从和芒格结为好友之后，芒格对公司的无形价值的看重影响了巴菲特。巴菲特自称认识了芒格以后他才从“猿”变成人，芒格那种无视他人的看似傲慢的性格实则是内部记分牌的魅力所在。严格地说，两人对彼此都有影响。巴菲特曾经和芒格在路上边走边说话，过了一段时间，巴菲特才发现芒格已经走了，他们根本就不怎么管别人怎么想。这样的性格特别适合投资，因为交易市场的演变和人类社会的演变是一样的，人群的情绪互相影响，一些人根本没有自己的理性判断，或者自以为有理性判断。这里建议大家看一本有趣的书——《乌合之众》，人的情绪如洪水猛兽，股市一涨，人们蜂拥而至、一哄而上、抢购一空，股价虚高之后更有虚高；股市大跌，众人作鸟兽散、树倒猢狲散、墙倒众人推。

巴菲特拥有的强大内部记分牌遇到这种群体情绪的癫狂恰恰会成为一个有力武器，能够在股价低迷时大肆买入，股价虚高时手持大笔现金。2000年美国互联网泡沫，很多人看到巴菲特没有买入互联网股票就各种嘲笑。可是后来呢，互联网一地鸡毛的时候，美股持续低迷的时候，巴菲特出手捡到大量便宜的筹码。

拥有长期持有的能力是巴菲特"宅"的特性的表现。巴菲特很少动，一旦持有，少则几年，多则数十年，一般都是盈利。这当然和巴菲特强大的估值能力有着密不可分的关系，但是长期持有不动也是个人情绪控制能力的表现。这是值得学习的，而且能够学习到他的部分能力。

巴菲特另一个核心能力是估值能力，这主要糅合了格雷厄姆和芒格及《怎样选择成长股》中的精髓思想，其中主要的还是格雷厄姆的思想，低估保守是核心。在投资中石油上就可以看出来，别说48元的中石油，巴菲特卖出的价格远远不到48元。还记得当时媒体轰动，很多人说巴菲特过气了，充分说明人群的情绪是多么冲动易变。

我们能学习巴菲特拥有他那样的估值能力吗？我认为我学不到巴菲特对无形价值的估值能力，也学不到他对管理层的识别能力。我们能学的是巴菲特数十年如一日地阅读公司财报，每天主要时间就是用来阅读商业信息，读财报、读年报。这是能学来的，但是能不能学到最核心的估值能力中艺术的东西，我估计是学不到的，但是能学到最起码的合理估价也不错。

巴菲特生活节俭、不注重外表之类主要还是由于他的内部记分牌在起作用，奢侈的生活不是巴菲特所重视的，因此表现出来的是他很节俭，但实质的内部标准是无法通过外在行为表现的。

巴菲特值得学习的一些核心关键字：内部记分牌、能力圈、安全边际（格雷厄姆）、市场先生（格雷厄姆）、语言幽默通俗易懂、情绪控制。

我认为人活着最有价值的行为是不断地学习，最有趣的也是不断地学习，向高手学习，学习先贤智慧，书和人都可以，人人都有值得学习的地方。

说实话，在雪球上挺受打击的。有千亿富翁，有年年翻倍的，听说还有三个月就涨十倍的，看得多了还真是有了比较之心，有时候投资不顺利也不是老僧入定，也有波澜起伏、动荡不安的情绪。这时我就会看看沃尔特·施洛斯的收益率，看看巴菲特的收益率。我会问我差在哪儿了，我一点都不差啊。虽然说2018年收益是−10%，但是沃尔特·施洛斯也有过，巴菲特也有过，我这五年也只有2018年收益率是负数。想到这里我的心情会好很多。

你看在大牛市中，沃尔特·施洛斯也有跑输大盘的时候，这样想心情是不是就好了？巴菲特也是，在2000年网络股牛市中输惨了，这样想是不是感觉好一些？再看两人没有一年的盈利翻倍，施洛斯只有两年达到百分之五十多一点，这就是最佳战绩了。巴菲特还不如施洛斯呢，只有一年高于百分之五十。

两人成功在哪里呢？

（1）两个人活得长。巴菲特至今仍活跃在投资界，沃尔特·施洛斯2002年的时候还在捡垃圾股。

（2）两个人投资生涯中很少有亏损的年份，尤其是巴菲特，显然巴菲特在感知市场情绪方面远远高于沃尔特·施洛斯。

（3）两人对自己的投资业绩还都挺满意的。

可向两人学习的地方：

（1）活得长，不是说跑跑步就能长寿了，两个老头都不爱运动，属于“老宅男”，关键是两人心情舒畅，每天在一堆年报里面找金子。

（2）尽量不要产生亏损，两人不是不能翻倍，而是注意到了相应的风险，只要相对高确定性的收益。

（3）对自己满意，无欲则刚。诚实对待自己，知道自己什么样，就这样。

第五节　普通人的ETF投资

现在市场上ETF越来越多，各个行业都有，例如银行ETF、证券ETF等，还有对应指数的300ETF、50ETF、500ETF等，还有各种概念的，如消费ETF、新能源车ETF、龙头ETF，五花八门，各种都有。

据观察，很多ETF的涨幅虽然可能只有行业的平均水平，但是有的ETF涨得很多，例如证券ETF和华泰证券，前者涨的时候大部分比华泰多，跌的时候比华泰少。

投资ETF还是挺省心的，如果看准了券商，买券商ETF和证券ETF就很好。例如2018年行情低迷，慢慢买入；例如定投，在2019年第一季度可以收获至少50%的涨幅，甚至翻倍都有可能。这可是建立在不用选股的基础上，不用操心，跌到一定程度就买，涨到一定程度就卖。

我最近在思考未来建立一个ETF投资组合，加入各个行业，哪个行业跌得多了就分批买入，哪个行业涨得多了就分批卖出。整体采用股债平衡的原则，可以考虑采用80:20的股债平衡比例。

使用这个策略可能赚不到大钱，但是可持续且能稳定盈利，未来两年我会认真考虑使用这个策略，省去研究个股的时间和精力。

一年或者两年后，我可能会使用这种策略：买入各个行业的ETF轮动，整体上稳定在80∶20的股债平衡动态调整，这一年我模拟研究一下可行性。这种想法的建立是在行业龙头其实也是会变动的基础上，只是时间长度比较长，例如白酒行业原来的老大是五粮液，现在是茅台，未来会不会再次逆转，这个我看不出来。再如微软这么强劲的实力企业，居然有一天会被谷歌超越，苹果之前的老大是谁？未来的老大又可能是谁？我真的越来越看不清楚了。

芒格的书中提到ETF是美国很多企业的大股东，真是想不到。

ETF对普通人而言除了不用深入研究企业之外，还有一个好处是摩擦费用很少，没有过户费，没有印花税，手续费也比股票少多了，但是牺牲了收益率，同时收获的好处是回撤可能小，相对稳定。

使用这种投资策略的难点是需要知道市场上哪个行业被低估，对股市也要有比较高的认知水平。例如，熊市时慢慢分批买券商、牛市时慢慢卖券商就是一个可行的策略。

我以前ETF只买过中概互联和H股ETF，虽然都赚了，但是感觉摸不着头脑，属于撞运气。

后来A股加入了大量的ETF，可以说五花八门、种类齐全，各行各业的基本上都有，长期低迷不振的银行、概念盛行的新能源和科技股，应有尽有。

我最近做了一个实盘试验，发觉ETF是一个特别好的投资品种。原因如下：

（1）交易费用很低。

（2）不用花费精力选股，但是需要花费精力去研究行业或者指数，例如现在的指数是低还是高，需要做出基本判断，不用研究个股但是需要判断这个行业目前是低估还是高估。对行业是否低估不需要判断得太过精确，需要精确判断的一般就不低估了，低估一般是非常明显的低估。我认为目前明显低估的行业有：银行、券商。300ETF还是低估，但是已经涨了不少，距离最近的高点只剩下5%的距离，不算很便宜了。

（3）很多人认为投资ETF涨得慢，其实相对应的是跌得也慢，而且涨得并不算太慢。例如，证券ETF涨得就比大券商海通证券、华泰证券多得多，即使是小券商东方证券也不行。

（4）ETF的高估和低估相对比较明显，容易判断，个股是很难的。当然缺点也很明显，例如不能打新股，使人失去了“暴富”的机会。

总而言之，目前我认为ETF比较适合稳健的投资者。

第六节 定投

这一节讲讲我的消费观。

消费观和出身环境有密切的关系，学生时代消费还是很浪费的，但是工作后对消费的看法发生了很大变化，尤其是接受了无常这个概念之后，我的消费观发生了翻天覆地的变化，越来越倾向于体验自己的真实和世界的真实。最近六年，我读了《断舍离》后，亲身实践衣食住行方面的断舍离。

衣物方面，我追求极简，夏天的长短袖、秋天的外套、冬天的羽绒服、牛仔裤、运动鞋都是各买两套。两套一模一样，很小的空间就可存放，也不用费心思考穿什么好。由于衣服很少，就可以使自己容易心满意足，就是很贵也可以接受。我的衣物一般可以穿六到十年，越穿越有感情，完全信服了《小王子》中所说的。

饮食方面我不是很讲究，质量上的要求很低，家常便饭即可。不过附近的饭馆我都有留意，新开的有时间就去尝尝鲜，每月的饮食花销其实非常少。

住方面，和家人住在一起，面积还是很大的。

行方面，我的汽车卖掉了，电动车没有，自行车在地下室吃灰，出行全部靠走路，远一点儿的距离就使用滴滴，再远就搭乘高铁、飞机，每年既省钱又锻炼了身体和视力，而且省出来的钱基本上够满足每年旅行两周的费用。

其他方面我也基本上在践行极简主义，除了书，我在书方面有心理上的占有欲望，有点儿“畸形心理”，没法极简。每年最大的花销就是买书，虽然也买了电子书，也办了读书会员，可还是买了很多书。这主要是我小时候没有书读带来的心理补偿效应的作用，目前我无法摆脱。

目前在财务方面，我认为就我和家庭的实际需求和被动收入情况来看，可以算得上基本已经实现财富自由了。当然这种自由是很个人化的，不同的人有不同的感受。我认为我的已经够了，很多人不以为然是正常的，因为每个人的欲望是不一样的。

自从践行极简主义以来，随着物质的逐步减少，心中开始是产生快感，后来是越来越重视内心的真实需求，而不是表演给别人看。我需要车就可以有车，不需要车就可以直接卖掉，而不是为了面子上好看。

有很多次看到人们讨论退休后工资方面能不能实现自由的话题，我也很感兴趣，虽然我不担心这一点，但是我固执己见，认为凭借工薪阶层微薄的赚钱能力也照样可以做到。当然我认为的退休自由是相对当地的退休人员而言的，而不是满足奢侈消费。于是，我在主账户之外建立了一个实验点：定投中国农业银行二十年，实现退休自由。

下面聊聊中国农业银行的缺点和优点。

缺点：银行业本身就是高杠杆行业，风险极高。四大行又是银行中成长性不高的，农行成长性又是其中倒数第二差的，缺点很明显，自身增长被不断融资吞噬了许多。

优点：便宜、低PB、低PE、高ROE（相对于GDP的增长率）、高股息分红、稳定派息，即使放到三十年的时间范围内来看，中国农业银行倒闭的可能性很低，不会说定投二十年退休后公司就倒闭了。

综合来看，中国农业银行是合适的定投目标，近五年来中国农业银行股价增长缓慢，但是实际增长了一倍，年化15%是有的。这个年化收益率是非常高的，虽然不符合很多人的预期，但是请注意，格雷厄姆的年化收益率去除费用后也只有17%。

我的实验目前进行到了第四期，每月一期，每期定投1000股，每年分红时再买入，到240期停止。观察目标是二十年后实现工薪阶层的退休财富自由。有很多人为我担心，要是二十年后没有实现退休财富自由，反而失败了岂不是非常悲惨。我想说的是感谢对方的关心，但这实在是多虑了。首先我有退休工资，其次我有自有住房，另外还有股息收入，最后我还有自己的一双手，还有各种能正常使用的社保，我还为自己买了大病商业保险。如果以上这些措施仍然无法保证，那么我就不去多想了，因为无常无处不在、无时不在，何必多虑，享受生活即可。

我试验这个计划的另一个目的是观察时间的力量。很少有人能坚持二十年干一件事，首先观察我自己，看看自己二十年的变化，观察真实的自己在投资方面是什么样的？同时通过定投中国农业银行观察真实的世界，这也有助于我观察真实的自己和真实的世界。

生命的出现是偶然的，竞争是为了生存，生存最后也会归于静寂。宇宙无限扩张，最终归于静寂，然后归于一点。重新发展，周而复始。人生的意义是自己赋予的，这正是人活着最有意思的地方。我一直为一件事着迷，那就是去探究真实的世界是怎样的？

普通人分析公司基本面能力弱，时间少，最好干脆承认自己水平不高，不去投入精力研究。那么具体应该怎样去做呢？

首先，赚的钱直接分三份：

（1）现金存款，进行银行理财，如各种“宝宝”类理财产品。

（2）购置房产。

（3）剩下一份买股票，直接定投一只股票就行了，有人说万一碰上黑天鹅事件呢？那就买你能接触到产品的公司股票，例如你是招商银行的客户，那就定投招商银行的，哪怕只是100股。要是爱喝酒，就买茅台的，其他的都不看，一直定投。要是喜欢喝五粮液就买五粮液的，不管价格高低，根本不去研究高估还是低估。要是喜欢喝洋河的就买洋河的。喜欢1573就买泸州老窖的，别管价格高低。喜欢喝伊利的牛奶就买伊利的股份。定投即可，不去估值，不看盘，有钱就买。

其次，平时主要精力用于研究如何把工作做得更好，你做好工作了，钱自然就来了。现在绝对是市场定价，不给你合理价格，市场会给。

最后，工作之余，你主要的任务就是做好家务，服务好家庭，让另一半高兴，学习如何与另一半相处；多陪孩子，不一定是陪着学习，陪着玩也好。

第七节　牛熊市波段操作

我把投资分为下列几个级别：

1. 技术流

类似于魔教武功，东方不败唯快不破，静如处子动如脱兔，这样赚钱速度惊人，当然赔钱速度也是惊人的。

绝大部分人都不适合这种方式，对天赋要求极高，抄作业的方式更不要提，几分钟可能就完了。

2. 价值派

最大的难点是确定公司未来的价值。现金流折现之类的说法不要提出来忽悠人，芒格都说从来没有见到巴菲特用现金流折现估值。最难确定的就是未来。说实话，我们根本不必谈十年后的某家企业是不是能很好地生存下来。

雪球上有些人对公司进行分析，我个人觉得其中大部分在将来被事实证明是错误的。

事实上，真正的价值派投资是很难的，比技术流可能还难，没有几个真正的价值派投资者。

3. 长期持有各行业龙头股票

格雷厄姆给积极投资者的建议是每年调一次仓。这个也很难，一二十年持有贵州茅台、万科、美的集团、格力电器的股票说起来很容易，实际上很难，没有几个人能真正做到。首先，是否是龙头企业就很难界定，其次是长期持有很难。本质难点还是估值和情绪。

4. 烟蒂股投资

对这个大家耳熟能详，沃尔特·施洛斯喜欢这个，达到了炉火纯青的境界。

对于烟蒂股投资，首先需要学会简单判断公司的资产负债表，能够对财务报表非常熟悉，每天都要大量阅读财报。

其次，需要极其分散，少说要有一百多只股票，估值要低，这里的估值主要是净资产估值。

最后，是一般情况始终满仓，敢于面对恐惧和贪婪。

5. 量化交易

这是一种交易手法，需要学习格雷厄姆的证券分析与《聪明的投资者》。首先，应大量持有分散的一百二十只股票；其次，股票要便宜，PB、PE双低，调仓频率比较高；最后，对市场整体的估值要有一个量化。

6. 股债平衡一

这是《聪明的投资者》中介绍给被动投资者的一种方法，持有七八个龙头公司的股票，和债券进行50∶50的平衡配置，动态调整，极限状态是25∶75。

7. 股债平衡二

对龙头公司的投资风险可以继续降低。当然，牺牲的是收益率，可以直接选择沪深300指数基金和债券进行50∶50的动态平衡。

8. 定投一

定投房产股。

9. 定投二

定投某家自己特别喜欢又长盛不衰的公司，例如茅台。请注意，使用这种方式的风险也很大，要是万一定投的是中国石油也会面临失败。

10. 定投指数基金

沪深300就挺好的。

11. 可转债

这是中国A股独有的对投资者很有利的一种高收益低风险的投资方式，国外可转债方面对投资者的保护没有这么大。高度分散，在100元附近买入，持有到130元卖出。就目前A股的政策而言，这种方式几乎没有赔钱的风险。

12. 余额宝

余额宝存入1000万元，每天也能有2000左右的利息，够花了。

13. 存款

普通人存入银行五百万元，每年也有至少10万元的利息，普通人够花了，就看你有没有五百万元了，而且是在通货膨胀不高的情况下。

有人说老问我有什么方式可以天天创新高，我就推荐了银行存款，天天创新高。

以上13种投资方式中，能战胜通货膨胀又能低风险且不需要对公司有很高的研究能力的方式是：第6、第7、第11种。

目前，最靠谱的是第11种——可转债投资。可转债投资很多人嫌弃涨得慢，而且在某些时间段内和股票一样会大幅下跌。

我觉得适合普通人投资的方式其实是有的，但最大的障碍是很多人不知道自己有多大本事。即使是投资可转债，赔钱的风险依然存在。不管什么方式都有赔钱的可能，绝对不赔钱的方式是放入余额宝和银行存款。

其中最难的就是牛熊波段的操作，能做得很好就已经不是普通人的水平，因为这需要判断什么时候是熊市，什么时候是牛市。这个判断往往是很难的，也就是说，难点在于判断进入和退出的时间点。

第八节　可转债投资

可转债是A股有制度保障的投资品种，可转债既有债券的特性也有股票的特性，是一种综合投资品种。

可转债作为债券利息比较低，还没有银行活期利息高，但是利息低被股性抵消了。如果遇到牛市股票会大涨，公司对应的可转债就会大涨，有的甚至涨好几倍。很多情况下，上市公司通过可转债募集到资金后用起来就不想还了。这时候上市公司就会想尽办法满足转股的条件，让股价涨起来，对应的可转债也会随之大幅上涨。这样无形中就会督促投资者债转股，上市公司就不用还债了，债券拥有人就变成了股东，钱就不用还了。实际上，绝大多数发行可转债的上市公司都存着这个心思。

有人说银行不是这样，其实不然，银行也像债转股，但问题是A股银行股长期低迷，价格低于净资产太多，不符合可转债转股的条件。

可转债投资策略非常简单：

（1）在100元附近买入，在130元以上分批卖出；

（2）分散买入，可转债投资不像购入优质股权那样，要极度分散，原因是不知道“哪块云彩先下雨”。这样买的好处是两三年内必然会有云彩下雨，隔一段时间就能“丰收”一次。

根据雪球网各位可转债投资者的估测，可转债年化收益率能够达到15%以上已经是沃尔特·施洛斯这样级别的才能拥有的业绩，而且只要在100元以下买入，基本上赔钱的概率很小。可转债已经名扬天下，下有保底，上不封顶。100元买入，至少130元卖出，只需要静静地等待即可，而且现在可转债等待的时间也不是那么长了，很多持有一两年就能以130元卖出，这是保守的估计。

如果2018年可转债发行50只，平均每个账户中2签，平均每只收益10%，那么一年就有低风险收益10000元，账户平均占用资金6000元。收益还是非常可观的，从这个角度看可转债打新，发现值得对其继续观察研究。

10000元不多，但只是占用6000元的资金打新可转债，亏损风险并不大，就可能获得10000元收益（这是乐观的情况，悲观的情况也至少能收获5000元）。

第七章

写作获得才与财

写作是一个这样的工作：一旦完成一件作品，付出一份劳动，就能获得很多份报酬。这类似于专利，是真正能够获得稳定现金流的好方法。

第一节　写作的魅力

写作本身就是一件非常有魅力的事情。

心流在心理学中是指一种某个人在专注进行某个行为活动时所表现出来的心理状态，如艺术家在创作时所表现的心理状态。某人在此状态时通常不愿被打扰，即抗拒中断。是一种将个人精神力完全投注在某种活动上的感觉；心流产生时同时会有高度的兴奋及充实感。米哈里认为，使心流发生的活动有多样性。

写作可以带来心流状态。什么样的写作可以带来心流这种幸福的体验呢？写出了自己的心声或者真情实感的作品。我们应该有这种写作体会：当我们真正愿意写东西的时候，往往就会非常投入，一旦被中断会非常恼怒。

现实生活中我们每个人都有自己的幸福，也有自己的苦恼，外人眼里非常幸福、无忧无虑的人可能有不为人知的苦恼和痛苦，那么这种苦恼和痛苦怎么排解呢？写作就是一个非常好的方法，不管我们遇到的是烦心的事还是高兴的事，都可以诉诸笔端，尽情倾吐，很容易进入心流状态。

实现财富自由的途径一定不是在传统的打工行业里工作，这就指向了那些只需要工作一定时间却可以得到很多份报酬的工作。例如工厂主，工厂打工者在创造的收益中将相当一部分交给工厂主，工厂主只需要一份工作就可以获得很多份收入，而不需要付出更多的劳动时间。不过，我们知道创业有失败的风险，普通人当创业者往往是很困难的。

写作这个职业就很类似于当工厂主，一位作者，努力思考、每天发文、辛苦聊天，付出了一份劳动，写出来一本书，然后开始出售，有很多人买。即使只是卖出一本书，作者付出的劳动也还是那一份。如果卖20万本，付出的劳动时间仍然是原来那么多。这也是一种财富自由的途径。

第二节　版权

我平常上一节课，学校发给我十元钱到六十元钱不等，如果我没有上课就会扣下来这笔钱，但是写作不一样，只要我们完成了一件作品，这件作品只需要付出一份劳动，却可以卖出很多份钱。

我曾经订阅过两个人的作品，一个是写出《财富自由之路》的李笑来，他“得到”中的专栏作品赚了至少几千万元。一份课程是199元，卖出了几十万份，一份付出有几十万份的收入。另外一个是吴军老师在“得到”设立的专栏——《硅谷来信》。吴军老师也获得了几千万元的收入。

这也是为什么传统职业的教师赚钱少的主要原因。老师赚钱少是因为一份课程只能卖出有限的数量，这样劳动效率往往是很低的。收入要想提高到一定程度，达到财富自由的程度，只能从劳动效率和劳动时间两个方面下手。

每个人的时间都是一定的，劳动时间也是固定的前面我们说到收入=时间×效率。大部分人的工作产生的效率是非常有限的，那么自然就只能拼命拿时间换钱了。

得到App大家可能知道，上文说过，我曾经订阅过两个课程：李笑来的《财富自由之路》，吴军的《硅谷来信》。客观地说它们给我带来非常大的收获、给我很大的教育启发，也给我个人投资带来了不同的视角。

因此我们可以总结一下，只有那些付出一份劳动就能获得很多份收益的工作才有可能实现财富自由。我能想到的有：版权、投资、专利、明星等。实际上这样的途径数量是非常有限的，其中，专利、明星都可以算在通过版权获取收入的行列，剩下的就是投资了。

依靠这两类途径都是很难的。先说投资，股市投资和创业是投资的两种基本形式。创业我们知道非常难，股市投资就不难？从券商出来的大数据表明，股市中"七亏二平一赚"是事实。创业成功的概率可能比股市投资——还要低。可能正是因为太过艰难，投资成功后才有巨大的回报，不过投资的前提往往是有足够的、长年用不上的本金，你有吗？问问自己。

另一个途径就是版权收入。其实我个人认为这个途径成功的概率比投资要大得多，我认为这也是普通人实现财富自由的有最大可能的途径。

第三节 任何人都可以写作

前面我们探讨过了，对于普通人来说，只有版权和投资才可能实现财富自由。投资我们后面再说，先聊一聊版权，这是普通人通过自己的努力大概率能够实现财富自由的途径。

从老师这个职业开始探讨，我做题就喜欢先做简单题，然后再做复杂的，遇到复杂的问题也会试图转换成简单题，遇到陌生问题也喜欢转换成熟悉问题，遇到未知问题想办法转换为已经解决过的问题。

我们现在仔细梳理一下一个老师能够获得版权收入的可能途径：

写书是一个很好的途径，但是大家不知道的是图书出版行业是一个盈利不多的行业，利润率是很低的。

一个普通老师要想在图书版权方面获得足够多的收益往往是非常难的，当然难不代表做不到，做出一本畅销书也是有可能的。写书的优势很多：

第一，一旦写出一本书，如果写得比较好的话，那么这本书不但可以不断产生版税收入，而且可以扩大作者的影响力，那就会促使作者有动力创作出下一本书。从这个角度来看，写书是非常不错的项目。

第二，写书有附加收入。一旦写出一本畅销书，会附带使自己的其他图书或者课程大卖，就像有些电视剧的热播，如紫金陈的书的大卖和电视剧的播出就有很大的关系。大家会讨论这本书和这部剧，这样就会带动作者其他书的销量。如果是一个老师的话，就可能带来该老师其他课程的热销，如有些热门考研老师的课程。

第三，写书有抒发自己情感的价值。作者在写作的时候可以把内心深处的各种隐秘内容通过种种表现形式表达出来，很容易进入心流状态，自我感动和自我激励。我认为这些不是负面词汇，这是正面的，而且是非常正面的。

第四，写书时间安排相对自由。

第五，写书还有一个不容易被察觉的好处：可以宣传自己。例如本书中我就可以说我的公众号是施洛斯008，这就是宣传自己，这本书不但给我的雪球账号带来了流量，而且可以获得更多的公众号订阅者。

综上所述，通过写书获得版权收入是实现财富自由的可能途径之一，因为这样可以实现一份劳动卖出很多份，获得很多份收益。

当然，随着作者名气的下落，图书题材的过时，图书销量可能会面临断崖式的下降，版权收入大幅减少也是有可能的。所以说，人生在世，就是一场不断对抗熵增的过程，没有容易可言。

写的内容有价值是前提，但是还要有传播价值。现代社会信息太多了，所书写的内容必须契合现实，解决问题才是根本。写出的内容全是鸡汤，对读者没有任何价值，这样的书首先能出版的概率就很低，其次即使出版了也不会有什么销量。

写书为什么可以实现财富自由呢？本质原因是书可以印出很多本，无限复制。往更深处去挖掘，为什么写书能够做到一份劳动很多份收入？本质原因是你的劳动为社会作出了更大的贡献。

第四节　自媒体

前面探讨了写作这个可能实现财富自由的途径，本质还是通过版税收入。

下面讨论一下通过公众号平台实现财富自由。公众号是微信平台上非常优秀的、能够打造个人ID的、获得版权收入的方式。

早期，公众号头部用户收入非常可观，后来微信公众号逐渐走向大众化，现在普通人都可以建立自己的微信订阅号，每个人都可以打造自己的ID，从而让订阅号成为我们获取被动收入的平台。

公众号上的收入有：

第一，流量转化

这是最主要的，主要取决于文章的阅读量和看过文章的订阅用户点击广告率的高低。显然，对僵尸粉除外的粉丝阅读价值越高，阅读量越大，广告点击率就越高，实际上对应的收入也就越高。这是应得的，因为你为用户创造了更大的价值。社会在奖励那些为用户创造更大价值的公众号、订阅号。

第二，赞赏

如果粉丝觉得一篇文章特别有价值就会赞赏，也就是打赏。这些是作者应得的，因为他们为他人创造了更大的价值。

第三，广告

有相当多的公众号管理者接了其他的广告，这是可以获得提成的，前提是广告合法、合规、合理，合理也很重要。有些广告就不能接，投资理财顾问之类的，还有借贷之类的。

第四，公众号作为公众平台有放大效应

如果能持续稳定提供高质量的文章，能够持续稳定地给客户创造价值，那么公众号就会产生放大效应，吸引更多的粉丝来关注。

公众号发展已经非常成熟，甚至有些走下坡路的表现，不然腾讯也不会出视频号，这个名字看起来应该是百度起的名字，结果被腾讯抢先占用了。

短视频领域原来的王者是快手，后来抖音横空出世，背靠头条。B站这样的老牌视频网站的地位似乎都受到了威胁。

有很多普通人通过抖音获得一定的收入，这是可行的，但是自己创作内容真得有一套专属于自己的方法。

被动收入让人上瘾。被动收入就是一定时间范围内不工作也可以获得的现金流入，尤其是那些规律性流入的现金，可以定期稳定可持续输入现金流，长期下来人就很容易上瘾。

即使很小的被动收入也可以让人欲罢不能，虽然每月的工资不是被动收入，但是这种获得已经让人极其上瘾，更何况一次付出终身受益的被动收入。A股股息收入是每年进行一次现金分红，个别的如中国石化、民生银行、中国平安还有半年分红。这种分红制度不容易让人上瘾，因为时间间隔太长，股东对上一次获得的奖励很容易淡忘，潜意识里的淡忘，这也可能是A股流动性极大的原因之一。很多人甚至会被收红利税，持有时间不但超不过一年，甚至超不过一个月。发达经济体的成熟交易市场一般是按季度分红，季报分红可以将时间间隔缩短。不要小看这种缩短，这个时间间隔已经不容易使人遗忘。这会刺激人长期持有高现金分红的蓝筹股，股市相对稳定，报价会在大部分市场有效。

A股的分红就是这样，也没有办法。除了中国石化和民生银行，中国平安的股息太少，完全可以忽略不计，民生银行分红数额不稳定，但还可以自己创造一些被动收入，尤其是按月计算的，甚至是按周计算的。

除了依靠理财和股息外，即使没有太多本金的人也可以通过自己的脑力劳动创造一些缓缓流出的现金流。

例如百度文库，我2019年年初到2020年十月份只上传了5份数学资料，后来就把这事忘了。2020年十一月份我无意间打开账户看了看，发现居然有平均十元钱的被动收入，而且每月的被动收入呈现逐渐增多的趋势。虽然不是溪流，更不是河流，但是这小小的水滴的汇聚说明是活水，有内生性增长的可能。也许随着资料上传的增多，众多小小的水滴会变成汩汩流出的泉水。十一月以来，我已经上传了二百多份资料，下载量明显增多，估计十一月的收入会增加。这些资料也许很多质量并不高，但是需求往往需要匹配的供给对应，而不一定要找最好的，就好像看电影，有些人当然喜欢看豆瓣评分高的电影，但是有时候有的人就喜欢看爆米花影片。

我的目标是本年度在百度文库上传1000份左右的文档，也就是需要把存量中的文档整理出来，每月上传份左右，质量可能良莠参半。

另一个被动收入是我才发现的，我的公众号（“施洛斯008”）自从开始更新以来，关注的朋友越来越多。公众号上有个流量主，原来广告点击和曝光率也可以成为被动收入来源，每天大概有几元钱的收入。虽然每天只有几元钱，但是带给我的感受却不一样。这又是一个源头，高质量的文章带来关注，关注带来流量，流量带来被动收入，而且写文章尤其是写发自肺腑的原创文章能够有效地发散我内心的一些东西，感觉能进入很幸福的心流状态。在享受的同时还能带来被动收入，我感觉非常幸福。

2018年A股进入一个熊市极端情绪中，打新收益大幅降低，甚至出现直接破发的情况。这种情况是一个征兆，增量资金相对新股发行量来说太少了，投资者打新开始理性，最终大概率会和欧美等成熟市场发展相似，也就是市场很可能还有一个跌幅。在这样一个悲观情绪笼罩的背景下，我决定再次用每月的现金流增持股票。主要是增持四大行，哪个相对便宜买哪个。我的现金大部分要交给媳妇，剩下的部分我来增持，目标是在未来一年内增持四大行各行一万股，然后会转向其他公司。

熊市悲观情绪下股价便宜是我增持的主要原因，另一个原因是隐含的：现在的利率太低了，大大低于四大行现金分红。隐含的目标是通过增持获得更多的被动收入，创造长远的以年为单位的被动收入。

创造被动收入太容易让人上瘾了，看着现金汩汩流入绝对是一种超愉悦的享受。

本来想写本书谈谈如何创造自己的被动收入，但是后来一想还是把原本想写书的内容分享到公众号上，一来可以感谢关注我的朋友，二来避免有些人说我不是投资赚钱而是卖书赚钱。

工作三四年后我才看到《富爸爸穷爸爸》这本书，当时就觉得惊为天人。《富爸爸穷爸爸》书中的两个概念成为我思维的两个核心概念：第一个概念是被动收入，不用重复付出劳动的收入；第二个是资产，能够持续带来收益的是资产，否则就是负债。这两个概念互相关联，显然，被动收入是《富爸爸穷爸爸》这本书中资产概念的一部分。

被动收入和资产有一个隐蔽的核心难点被作者小心地隐藏了起来，任何被动收入和资产都有类似于折现率的问题，还有选择成本的问题，任何一个选择都同时意味着放弃另一个选择。买入的是不是资产在买之前就已经确定了，这句话本身就包含格雷厄姆安全边际的概念。这种选择才是创造资产和被动收入的最大难点，需要强大的选择能力。

《富爸爸穷爸爸》无法赋予一个人强大的选择能力，就和书店里面的一本经典数学教辅书一样，再好的教辅书也无法给予一个不擅长数字的人强大的数学能力，即使道理讲得再好也没有用。因为世界是运动的，题目在变、内容在变、难度在变、人也在变。企图脱离独立思考，看几篇文章就考好，犹如一个人每天看别人健身自己却不努力健身，却想拥有好身材一样。

有些人需要被点燃，很多人不懂得资产和被动收入这两个概念，如果懂得了，就可能凭借自身的努力获得资产和被动收入。

列举一下我们可能拥有的资产（用《富爸爸穷爸爸》中的概念，这个概念也不是财报中的净资产）：工资、存款、房屋出租租金、投资（股息和分红）、版税等。

工资不是被动收入，但是工资是资产，工资应该作为创造被动收入的最佳动力源头。本人虽然能力低微，但是也有着自己的规划，十多年前就开始着手建立被动收入。

第一份被动收入是存款利息，这当然是非常少了，年化最高也只有4%，少的只有1%多一点儿，但毕竟是一份被动收入。

第二份被动收入是房屋出租租金，租金收益确实可以带来令人满意的被动收入。

第三份被动收入是股息和分红。很多上市公司被严重低估，但是其业绩往往并不差，虽然增长乏力，但是每年的收入还是很客观的，而且支持现金分红，例如中石化。甚至还有一些银行，不但低估，而且增长很好，分红也可以，一般来说远高于利息。我目前的股息收益完全可以覆盖家庭支出，我个人支出大部分是用于买书和食物及电影票。

以前有一段时间，我给报纸写了很多数学文章，有不少稿费收入，但这不是被动收入，因为是一次性收益，后面就没有了。

这让我想起来加拿大的一家电影公司，这家公司就是大量买入电影版权，不管是好电影还是差的电影，电影片库非常丰富，后来在影视出租方面有着非常大的收益，成为公司的重要现金流。我也可以做类似的工作，因为数学是我的专业，我每天都和数学打交道，完全可以利用这个优势把自己编辑整理过的文档作为库存。这种版税收入可以长期产生，也不用我额外付出更多的劳动和时间，这方面的工作我准备开始启动。

总而言之，对于被动收入的创造我仍然在探索的路上，收获的不但是物质的丰富，还有精神层面上探索和积极进取给我带来的愉悦这一高附加值。

第八章

工作烦恼的转化

工作虽然可以获得工资报酬，但是也伴随着一些日常烦琐事务，例如教师工作中的教案、听课记录、论文、各种会议、教学反思、创建材料等。很多老师愿意把时间花在课堂上，花在教学上，但是不愿意分心去做这类日常事务。这些事完全可以使用两全其美的方法，下面介绍一些常规的处理方法，能够巧妙结合人性，让人更愿意去做这些事务。

第一节　工作的烦恼

工作的烦恼之一：工资低。工作中肯定有很多人嫌弃自己的工资低，这类现象在现实中普遍存在。工资低在本质上来说就是能力没有达到相应的高度，解决工资低的方法绝不是抱怨和牢骚，只有下面两条途径：

（1）提高自己的能力；

（2）降低自己的欲望。

我个人认为这两者都很重要，即使一个人有很高的能力，如果对于欲望没有任何限制的话，也有可能出现大问题。

想要提高能力可以通过提高自己的专业技能实现收入的增长。

此外，通过个人的努力也可以成为优秀教师、学科带头人，这些都是很不错的途径。也可以通过自己的努力考入待遇相对较好的单位工作，这些都可以通过个人的努力实现。还可以利用闲暇时间，通过股市或者基金投资获得可观的收入。

例如，我虽然工资不高，年薪大概十万左右，但是我通过股市投资每年获得的收益远高于工资收入，而且拥有投资能力之后一般可以稳定获取收益，除了极个别的特殊年份，例如2018年股市全线下跌，其他年份都可以获得不错的收益。随着自己投资能力的不断提高，投资收益也在不断提高。

实际上，投资并不会占用太多的时间，平常也不用总盯盘，一般经常盯盘的人收益反而低一些，甚至亏损，因为一个逻辑的兑现是需要时间的。例如，现在的银行股，即使面临各种利好形势，2021年可能出现大幅增长的情况下，银行股的上涨也是需要时间的，这个时间长度可能至少是半年，甚至是一年。这中间什么时候上车都不晚，当然这只是我的投资思考，请勿作为投资建议。

投资即使投在自己身上，平常的学习也好，工作锻炼也罢，其实都是在修炼自己的认知，认知提高了，基础素材的积累足够了，这也是实实在在的赚得。

工作的烦恼之二：日常事务。工作的烦恼很多，一般日常事务占据很大一部分。作为老师的我主要需要处理的事情是：写教案、上课、改作业、纠错、反思、听课、写各种材料等。

工作的烦恼之三：时间不自由。工作有一个最大的问题就是时间不自由，这也是合理的，工资本身就是付出时间的报酬。不同的工作有不同的分工，例如我们教师工作有一点非常好，教师本身就需要大量的知识储备做根基，大量阅读就是必需。阅读是最有价值的事，对人的认知提高有很大的帮助，对工作、对生活、对投资都有极大的好处。例如，我在上课的时候讲数学，如果运用语文中的古诗词为例子来讲效果就会非常好；如果用生物学知识讲学生会非常惊讶，而且学生记忆效果会更好；如果讲宇宙，讲如何用数学理解宇宙，那么对学生来说会更有吸引力。

第二节　工作的好处

工作的好处之一：获取工资。工作有很多好处，其中最大的好处是有工资收入。人生在世，衣食住行都需要钱。而工作最大的好处就是能产生稳定的现金流。

通过《富爸爸穷爸爸》这本书，我们知道了什么是负债。不能带来现金流的就是负债。什么是资产？能够带来现金流的就是资产。例如房子，用来出租的话，如果能产生稳定的现金流就是资产，如果不能带来稳定的现金流，就是负债。房子自住是负债，房子出租是资产。当我们买入的时候就知道卖出能够赚钱的是资产，当我们买入的时候不知道卖出会不会赚钱的就有可能是负债性资产。更进一步来说，不用付出成本就可以获取现金流的就是资产。

工资算不上是资产，但却使人有稳定的现金流，也算不错。很多职业投资者最怕的是损失本金。什么时候会真正损失本金？生活需要现金但是没有现金时只能卖出那些浮亏的股票，这就是损失本金。获得工资的成本是付出时间，这是工作这种赚钱方式的最大缺点。如果一份工作正好是自己的爱好，例如巴菲特在伯克希尔公司总部的工作，那就再好不过了。我个人认为不是每一个人都适合绝对自由的工作，例如我一直有很自由的长假期——寒、暑假，这段时间我实际上做事很没有规律，读书还没有在单位多，作息也不规律，对身体也不是很好。

工作有很多好处，可以为社会创造价值。如果这个工作正好是自己喜欢做的，那么这样的工作简直可以称得上是最好的。你觉得呢？

工作的好处之二：可以获得交流。人是社交动物，长期没有交流很容易和社会脱节。我在单位里面一般不和其他人多说话，但是我喜欢和学生说话，特别喜欢进入班级的感觉。中学生是最有活力的群体之一，看着他们非常有治愈的效果，看到他们青春阳光地欢笑，基本上一切负面情绪都会烟消云散。

交流能够使自己认识工作中那些优秀的人，通过与他们交流，学习他们的优势，获得自我提升。例如我有一个同事非常厉害，她可以通过学校发的各种通知提前准备，提前解决问题，有时候能够提前半年就准备好需要的东西。交流让我的情感更加健康，我觉得这是工作的一个重要好处。

工作的好处之三：带来成就感。一个人之所以不是“行尸走肉”就是活得有尊严。有尊严是活得好的重要前提，但是现代社会分工很细，人的尊严很容易因为看到其他领域的成功者而被打得七零八落。例如，股市投资者2020年收益率是20%，这已经非常厉害了，要知道银行三年定期存款利率才二点多，但是一旦在雪球上见到大量投资收益率是100%的投资总结，幸福感马上就跌落下来了，更别说和沪深300比了，一比发现跑不过平均收益，那就是对心理的摧毁性打击，但事实是年年翻倍的人是很少的。实际上，2020年有20%的收益率是可以战胜九成投资者的，这可以通过券商平台数据证明。

在当今的互联网社会中，信息传递很快，人和人的比较已经从邻里之间、同事之间发展到整个社会之间的比较，自然会出现焦虑心理。工作有一个好处是获得成就感，可以降低这种焦虑。我是一个老师，我的成就感来源于我能够教好我的学生，我能够给他们带来符合学习规律的学习方法，同时可以在他/她们成绩提高之后获得自我满足。

第九章

不断增长才是重中之重

目前的投资估值体系更看重公司的未来——是否能不断增长（未来比过去和现在都重要），而不仅仅是静态估值。

那些未来可能会越来越好的公司可以获得市场更高的估值，例如腾讯和茅台，而且龙头地位非常稳固，有很宽阔的“护城河”，这类公司会长期获得市场资金的青睐。

因此，我们个人无论是在投资自己或是投资产品时，一定要看重“增长的持续性”——不断增长。

第一节　退休

一个国家的竞争实力取决于正在工作的人，但是退休后实现财富自由和努力工作并不冲突。我这里指的退休是从正式岗位上退下来，并不是说退休了就什么也不干，完全可以在退休后继续为国家贡献力量。

1. 什么是退休

我所谓的退休只是名义上的退休，也就是履行单位退休手续，但并不是从此什么都不干了。这样的退休不是我期望的，因为我个人认为学习是终生的事，工作也是终生的事。可以是自我学习，可以是帮助别人，也可以是发挥余热重新上岗，更可以是专心投资、研究投资。

我对退休的唯一的期待是读书时间更加自由，但是可能会失去和学生交流的乐趣。

2. 什么是财富自由

我对财富自由的定义是被动收入超过了生活所需。因此，工薪阶层实现退休财富自由的途径是在退休之前创造更多的被动收入。实现被动收入对我而言有以下通道：第一，房租。未来的房租价格取决于这个城市租房的需求量还有房产税之类的可能的情况；第二，股息。这个没有天花板，我可以每年新创造大概5000元的股息收入，可是依靠股息的风险也是很大的，尽管四大行是稳定可持续盈利的，但是也不能绝对保证未来有收益，我个人认为茅台也不能，但是我还是要尽量增加股息收入，争取每年新增加更多的股息收入，当然其风险是无法绝对排除的；第三，版权收入。写出更多的文档和文章，争取多一个被动收入的渠道。

3. 财富自由是一种保障而不是百分之百的保证

财富自由类似于“核武器”，是一种心态上的保证，因为家人都有退休工资，正常情况下不会过度担忧财务。财富自由是保障但不是绝对的保证，心中时时事事要有“无常”这个概念存在。这是为了自己好，因为心灵崩溃是身体健康崩塌的开始。

4. 真正感受生活

世界是动态发展的，任何静态的观点都会经受未来的考验，但是一颗不断适应外界变化、不断学习的心是可能经受得住生活的考验的。人生无常，享受每一天。我说的享受不是声色犬马的享受，而是真正享受每一天，让自己真正去感受生活的每一分每一秒。

股利的好处自然不用多说，财务检验、现金流方面具有好处都是事实。如果每年只能获得百分之四的红利，其实质和卖掉一部分股份是一样的。一方面，买入农业银行每年获得百分之四的红利；一方面，买入一家股价和业绩增长快的公司，虽然每年没有分红，但是每年可以卖出一部分股份生活，其实质是一样的。区别在于能不能高增长，而不是红利多少。当然在现实中，A股红利可以作为一个有效的财务检验手段。我想表达的是投资重要的不是红利，而是增值速度。

第二节　股价涨跌的关键因素

A股股价短期受什么影响最大？

我观察了近五年来的股市，各种概念的炒作，什么因素影响公司股价剧烈变化呢？这本质上相当于在问什么东西在短期能够强烈地刺激到人群尤其是机构的神经？最终指向的答案是：公司产品价格的持续上涨。人们倾向认为产品供不应求的表现是产品价格的上涨，例如当初东阿阿胶的炒作，包括现在的贵州茅台、五粮液、山西汾酒等白酒，股价和零售价的步步升高是有密切联系的。人们不想要复杂的答案，复杂的原因分析民众听不懂也不愿意听。人们只需要一个简单的答案，这个答案最好的解释就是产品终端价格的变化。

人们需要的是快速解决问题。股市短期情绪体现的是人们需要快速赚钱，其他都不要讲，因为存在短期情绪被产品价格影响的现象。事实上，产品价格的提升在很多情况下确实能够体现供需关系，但是不可能在短期内改变公司的基本面，因此最终必然是“一地鸡毛”。人多的地方你别去，始终站在少数人在那一边。投资中七亏二平一赚是基本事实。不知道大家还记得股价便宜到52元钱的格力电器吗？那时候我买入，大多数人都不看好；现在65元钱呢，又有那么多人看好，我就走了。这就是股市赚钱的秘密。

再看天迈科技，38元买入的时候没有人看好，不但没有人看好，反而很多朋友出于关心对我说这是垃圾股，远离垃圾股，没有业绩。虽然智能交通发展全国第二，虽然和宇通客车深度绑定，虽然充电桩业务供不应求，但是股价很低，于是大部分人都不看好，然后到了47元以上又不想卖了，还想要更高。天迈科技后来再次回调到38元以下，低迷了一段时间，很多人安慰我，其实我知道我是对的，因为我站在了少数人这边，于是后来涨到47元以上的时候我分批减仓，最高减到63元，也就是今天，还剩下一点点底仓，然后就没有人再说我了。我想等到再次回落到38元以下再次买入的时候，估计又会出现一批人来劝我别买，我愿意总是站在少数人的立场上，因为只有少数人可以赚到钱。

海顺新材这只我在30元以上已经翻倍的情况下分批卖出的时候，有一个朋友说等到60元以上，劝我不要卖出，我说我就这么小的格局，只能看到30多元。

少数人才能做到烈火烹油的时候坚决卖出，尽管很多人这时候突然成了价值投资者，在这么多人中逆向而行是很困难的。这在人际关系中可能是一个巨大的缺陷，但是在投资中是一个了不起的能力，这么说有点自夸，但是事实。少数人才能做到山穷水尽的时候坚持买入，尽管这时候出现很多价值投资者说基本面坏了不能买。在这么多人中逆向而行是非常困难的，这让我可以获得很低成本的筹码，然后等待这些价值投资者接盘。实话实说，这些所谓的价值投资者连价值投资的大门都不知道在哪里，因为他们根本就不是价值投资者，而是趋势终结者。

价值投资者瞄准的是价值，不管涨跌都是要看股价是否达到价值以上了才决定是否卖出，在股价远远低于价值的时候才会买入，这才是价值投资者。成为价值投资者的要求非常高，第一是要能够识别价值；第二是能够在股价远远低于估价的时候买入且不受股价的影响。

例如，当我在33元以下买入宁波银行股票的时候，很多人说会继续跌下去，但是当股价涨到36元以上的时候反而突然认为股价会继续涨上去，这些人一般会是同一批人。因此，投资赚钱是有秘诀的，但是很多人却视而不见，乐此不疲地不断亏损而不改变和反思。

投资的秘诀我总结起来就是一点：人多的地方出来，人少的地方进去。

第三节　使用产品

亲自使用所投股票产品是一种自我强化的投资信仰。观察巴菲特股东大会的过程就会发现一个有趣的事实，巴菲特在想尽办法曝光公司的产品，甚至包括他和芒格自己的传记，桌上放着可口可乐，展厅有珠宝、家具等。巴菲特手持可口可乐的照片最多，分权式飞机也是巴菲特买入股权后开始乘坐的。巴菲特利用自己很好的声誉不遗余力地宣传公司的产品，当然是极佳的免费广告，除此之外好像还有些什么原因在里面。

巴菲特买入可口可乐股票和习惯每天喝六罐可口可乐不知道哪个在先，我想几乎是同时发生的。巴菲特那样除了做广告之外，可能也有使用产品体验产品的意味。长期持股是很难的，即使是巴菲特也不例外，不用说，巴菲特在迪士尼的几进几出，即使是对现在的几大重仓股也曾经波段操作过。他的估值能力无与伦比，即使在估值如此准确的前提下，即使是在很大的安全边际范围内买入，也会在多年后后悔自己的波段操作，而不是永久持有。看来虽然不能和持有的股票"谈恋爱"，但也要有持股的信心，甚至是信仰。

巴菲特长期使用公司产品，我估计除了为了不断体验产品和不轻易换股的信念的原因外，还有不断强化自己信心的作用。巴菲特能长期持有可口可乐和他个人喜欢喝可口可乐之间可能是有点儿关系的，而且经过岁月的洗礼在不断互相强化。

分权式飞机实际上是长期赔钱的，但是并不阻碍巴菲特在持有期间不断体验产品并公开自己使用分权式飞机这一信息，说明并不是因为可口可乐一直在涨他就始终持有，实际上是一种自我体验，强化自我信心。

第四节　产品的黏性

自从用过格力电器的空调，其他空调我就不再想了。为什么？因为格力空调无论是产品质量，还是售后服务（基本无须用到，因为它们的产品很少坏），都是稳定在高水平线上，那么对于我这样平时生活不太仔细的客户来说，就不太愿意再转换使用其他质量未知的产品了，连尝试都不愿意。

海天味业出来的产品也很有客户黏性，一旦吃一回海天黄豆酱，基本上就不再想吃其他品牌的了，虽然海天味业确实贵一些，而且没有茅台那样让人上瘾，但是确实有很强的黏性。

人一旦习惯于使用一种稳定且质量高的产品再转换就很难了，尤其我这样的懒人。

我喜欢喝伊利股份的乳制品，就连雪糕也只买伊利的。这就是产品独有的黏性作用，客户心理转换成本很高。

我持有大量的招商银行和宁波银行的股份，但是我很遗憾的是没有享受过这两家银行的服务，因此就缺少一些灵魂性的东西在里面。这些东西来源于自己的亲身体验，无法被其他东西取代。还有兴业银行也是，我们这里好像没有兴业银行。当然我们这是小城市，这是很遗憾的。

五粮液我尝试了一下其产品，发现非常喜欢，我感觉这东西确实能让人上瘾。茅台也是，山西汾酒也是，尤其是竹叶青系列。

我喝可口可乐习惯以后，想让我买其他品牌就很难了，因为熟悉了，口味确定了，出意外的概率很小了，让我再转换产品太难了。

我有个体验，不知道大家有没有，去陌生城市，如果没有找到厕所，最好的选择是去肯德基。它内部永远不变，连室内摆设都没有什么大的区别。我对其他商家就没有这么信任，尤其是在一个陌生的地方。

产品给用户带来的黏性使得客户使用产品转换成本很高，而且人们对未知的事物往往是有恐惧心理的，对不确定性有厌恶心理。

一般来说，产品黏性好的公司股权也值钱。

第五节 财报阅读

任何一个人、一家公司、一个行业，都是会经历出生、成长、成熟、衰退、死亡的过程。读一家公司历年的财报就相当于把公司的诞生到死亡的过程以倍速观看，相当震撼。

比如，我读了身份证识别细分行业的诞生和发展及衰退过程的文字，从招股书开始，然后是看历年年报，从最初的终端产品到现在红海惨烈，看得惊心动魄。诞生的时候生机勃勃，成长的时候扩张迅速，赚钱非常自然，但是一旦进入衰退期，公司管理层的那种无奈和垂死挣扎真的是令人心痛，关键是垂死挣扎后还是要死的。尤其是科技公司，有的行业不仅仅是一家公司会死亡，甚至整个行业都会在短短几年内死亡。

看完这些就能深深理解巴菲特为什么不投资科技公司，风险太大了，一旦失败很可能连骨头都不剩。

实际上，巴菲特投资IBM就不太成功，投资苹果更多的是看重其消费属性。

不过，有时风险虽然大，但是一旦投资成功一家，始终持有的话，确实是收益巨大。

我看这些资料主要是看公司成长的那一段时间状况，不等到衰退开始我就不看了，或者是看衰退中的回光返照的历程，我想看的就只有这样一段。

投资科技公司非常像是风险投资，弄不好就会血本无归。如果是买兴业银行的，那我知道赔不了钱，十拿九稳，只要在十六元以下买，长期持有赔不了钱，二十元卖还能赚钱。当然还有中国建筑、宝钢股份等，持有这些可能赚不了大钱，无法在短期翻倍，但是很稳健。科技股可不是这样的，长期持有五年以上面临退市的可能都有。在科技领域内，一个小小的技术颠覆就有可能毁灭一个规模不小的行业，几十家公司可能会随之"灰飞烟灭"。严格来说，如果非要投资科技公司我个人认为还是要分散持有。即使是当年很多投资腾讯的公司，也不过是抱着风投的目的，毕竟是失败的大多数没有留下记录。

读财报很有乐趣，乐趣在于真实。真实还原历史发展情况，行业发展情况、公司发展情况，能够让人体会到一般规律的不可违背。

了解一家公司最好的方法是读该公司的招股书和历年财报，但是如果你认为读懂了公司财报就能真正理解一家公司，进而可以获取股市赚钱的密码，恐怕只是缘木求鱼。

大量阅读各类公司财报可以加深对公司所在行业的判断与分析，理解各类公司的基本产品，掌握的信息越多、越细化，就越可能抓住短期情绪下的股价炒作的逻辑。例如，如果我们知道纸价在不断提升，那么我们能不能快速找到相关的上市公司，大致理解纸业内各大公司的地位、优缺点、话语权情况等，比如了解太阳纸业、山鹰纸业、晨鸣纸业、中顺洁柔公司的产品和材料来源、公司质地、负债率、质押率等。如果这些基本的信息具备，那么一旦机会来临就可以迅速抓住，且可以避开陷阱。

我相信知道獐子岛历史的投资人都会十分谨慎再投资这家公司，这就是信息的力量。

公司最好的信息就藏在公司的历年年报里面，而且是可以免费阅读的，因此我常说年报是最贵的免费读物。看新闻同样重要，远离八卦新闻，多了解产品价格变化的情况，对照上市公司情况进行独立思考和判断，先猜想后验证，时间长了你就是专家。

投资没有那么难，就像经营一个杂货铺，多练习一下就能掌握，当然要想达到沃尔特·施洛斯、巴菲特、芒格、格雷厄姆这样的大师级别的水平会很难。

我是经常买书的人，花销可以说是极多了，平均每月买二三十本，有的买了还没来得及看，实际上是浪费。我深深知道自己有这个毛病，可还是照买不误。深刻剖析这种行为的话，应该是一种心理补偿效应作用导致的。幼年时代无法满足的某些心理需求，成年后会变本加厉地找回来，其实人的一生往往都无法弥补幼年时代心理需求的缺失。

其实有很多免费的书，这些免费书少说有上万本，读起来很有趣，同时还能赚钱，很多人视之如敝屣实际是黄金钻石的就是每年A股上市公司的年报、季报、半年报，这些真的是很有价值的而且有的还很有趣。比如你去读东阿阿胶的年报，那文字水平着实很高。再对照数字看，你会发现它太有趣了。

实话实说有的年报，例如招商银行的，就有些让人读不下去；例如獐子岛的，看年报跟做数学题似的。

有的人会说："哎呀，我不懂会计学，要不要先考个CPA，然后再读年报会不会更好？"会计学过当然好，没有学过也一点儿都不耽误看财报。我们知道，数学学习和考试都是要遵循先易后难、循序渐进的规律，读财报也不例外。读不懂数字，不能先看看文字吗，看看人家是怎么撰写、铺陈的，哪些词平时咱们也不会使用，这样就开始着手了。更何况财报中对专业术语一般都有注释，即使自己不知道，搜索一下就懂了，例如为什么经营现金流为负数，对此如果不知道我们可以搜索一下。

文字看烦了，再去看数字，数字大得看不了，先看能看懂的，例如每股赚了多少钱，去年、前年的情况一对比，从净资产收益率、现金分红、营收等这些还是很容易得出结论的。

将这些表面内容读完，再去看资产负债表，分析一下自己家里有多少资产、有多少负债。读完这家读另一家的，同行业的公司的很多是重复的，一对比就知道哪家诚实，哪家经常调节利润，哪家资产“有毒”，哪家藏着不少有价值的东西。

一份年报普通人读起来少说也要一周时间，当然，“熟读唐诗三百首，不会作诗也会吟”，后面阅读起来可能就会快很多了。这一年下来，少说能读五六十份年报吧，不花钱说不定还真能发现一家值得投资的公司，这读书的时间有了，喝酒的时间不就没有了。或许你天赋异禀，两三年读下来成了炒股高手也未可知。

马云和马化腾是商界风云人物。二马和巴菲特、芒格不一样的地方可能是前两位是创业直接经营实体，后两位虽然也经营过实体，但是主要是依靠买入别人经营的企业股票赚钱。

有人不爱听炒股两个字，喜欢叫投资，我觉得其实质可能并没有想象中那么大的区别。国内做价值投资的也很多，不过做到巴菲特、芒格一半业绩水平的人好像没有一个，但就雪球网价值投资者的情况看他们阅读量还是挺大的。

有些高中老师也是不爱阅读的，甚至包括本专业的书也是不爱读的，但是真正的高手例如孙维刚老师还是很爱读书的，他除专业书之外其他类的书也读得不少。就老师这个职业性质而言，长期不读本专业的论文可能会导致专业能力停滞不前。就投机而言，长期不读书，有可能重蹈覆辙。就投资而言，长期不读书，可能导致自己的估值能力无法适应新变化。

沃尔特·施洛斯就特别爱读书，但他读的是年报，每年大量阅读年报。巴菲特的主要读物是年报、商业刊物、报纸等。芒格读书就很杂，各种书都读，据说他小说读得少，主要读传记。

我个人认为炒股是一门手艺，炒股赚钱的人一般在现实生活中会很不如意，为什么？

炒股赚钱的总是少数，总是和绝大多数人背离，所谓“别人贪婪我恐惧，别人恐惧我贪婪”。我有个亲戚，赚钱有方，年少有为，做生意非常有头脑，也很稳健，但是一到股市中就很不理性，很容易就会陷入群体情绪的癫狂中，亏了很多。我发现这类人一般人际关系非常好，口才好、交流能力强，有强大的共情能力，能很好地和主流保持一致，获得大多数人的认同。这恰恰是他们在炒股时的弱势。现实生活中有些人的意见总是和主流意见不同，总是说或者做上级不喜欢的，总是和主流人群保持距离。这种距离不一定是物理上的，很多是心理上的。人群是能够感知到的。有的人还很固执，甚至很偏执，却能在股市中赚到钱。例如我们单位就有一位，几乎每次牛市时都能赚到大钱，熊市时蛰伏，几乎没有任何动静，但是牛市一旦启动后就敢将筹码全部押上，他到底是如何判断时机的我到现在仍然一无所知。

我觉得这和利弗莫尔模式的投机思维也有些相似，即情绪变动是有原因的，原因是什么内部人知道，可能是各种各样的具体原因，本质原因是什么外人不知道而已，但是知道的人使价格出现了变化，人们关注这些实际变化而不是具体原因，因为这些原因的公布往往是滞后的。

这种思维和阅读有关吗？我认为没有必然关系。投资可能更多的是一门手艺，就像其他专业一样。你说阅读和修车有关系吗？我认为关系可能不是那么大。

有的人适合炒股、有的人适合在公司内、有的人适合做生意、有的人适合读书。总而言之，人的能力方向是多元的，不必妄自菲薄。而投资就需要大量阅读，也不一定是书，可以阅读材料，如财报和商业信息刊物。

第六节 隐性浪费和显性浪费

最浪费生命的是围观和闲聊。

时间是生命的载体，浪费时间在某种程度上来说就是在浪费生命，浪费时间有隐性浪费和显性浪费。

隐性浪费时间如投资者常常反复看盘，反复浏览那些口水帖，反复打开自己的账户看市值。在雪球上我甚至看到有人每天公布自己的市值，不但扰乱自己的心神，而且极可能导致陷入高频交易的泥沼不可自拔，即使天天赚钱，那也是多么累啊。

有一些隐性的浪费非常隐蔽。例如生活工作中和庸才争辩，很多庸才根本就不懂问题本身，看似是在做科学辩论，其实呢，对方和自己根本不在一个频道上，却争辩得脸红脖子粗，心眼小的说不定会真动气，太不值得了。这样纯粹是在浪费时间。这类争辩最好的结束词是“我要上厕所”。

围观也是隐性浪费时间的事。明星又有谁来了、谁又发生什么了、谁又离婚了，这些关你什么事。浪费时间莫过于关注这些八卦信息。上网不是错，看手机也不是错，最大的错误是看各种娱乐新闻和口水文，要学会自动屏蔽。想真正了解一个明星，就买来所有与这个明星有关的书和新闻帖子做一个专题研究。不但要有输入，还要有输出，写出来让大家看看，最好成为这个领域的专家。这才是真正的学习，但是很累。绝大多数人根本不愿意做这事，觉得这才是在浪费时间。

有一件显性的浪费时间的事——闲聊。绝大部分的闲聊都是毫无意义的。有人会反对，说其对人的情绪疏解有好处。有什么好处？听某人炫耀子女、听某人炫耀财富、听某人说邻居和同事的闲话。把时间浪费在这里，就是典型的显性浪费时间。有人会说，你看牛顿当年和莱布尼兹书信聊天，不是启发了莱布尼兹发明微积分学。这种闲聊根本就不是闲聊，这是智力的交锋、智慧的升华。牛顿偏向物理学应用的微积分学不好用也不好学，正是莱布尼兹这个纯数学家发明微积分才成为现在主流使用的工具。这个闲聊让人动脑子，走出自己的能力边界看问题，这早已不是闲聊。

如何避免毫无意义的闲聊？

1.物理隔绝，直接走开，这个方法最好，不要怕得罪人。人都是习惯性动物，人们习惯了你的行事风格，他们就会接受。

2.听音乐。这是一种声音隔绝的方法。我曾经很久处在很多人闲聊的工作环境中，被动听到各种生活琐事，做事效率很低。一本书一小时只能读几页，听这类闲聊自己还需要礼貌性地应和两声，把自己的时间就切断了，浪费时间，心情会变得很差，因为什么都不做的闲聊会让我很有负罪感。后来我选择听音乐就好多了，但还是被很多琐事找上门，比如找我帮忙的人很多时候能占用我一天的时间，帮忙就成了一种精神负担，严重影响我的工作和学习，非常浪费时间。这个时候我就会找一个没人的办公室或者直接回家办公和读书。

3.去陌生的场合工作学习。单位周边的咖啡馆、快餐馆之类的地方都很好，干净明亮而且没有人打扰。很奇怪的是如果周围聊天的是不认识的人，那么他们聊的内容根本就听不进去，完全不影响工作、读书和学习，如果是写文章更是一点也不影响，但要是熟悉的人聊天，不知不觉自己的注意力就转移了，哪怕是写文章这么高度专注的事都会受到影响，心流状态就会被打破。

一起吃饭浪费时间，一场下来少说要耗费两个小时，甚至耗费四个小时也不稀奇。四个小时能做多少事？能够研读一份财报，能够阅读一本200页左右的书，能够看两部豆瓣高分电影，能自己慢慢散步加品尝美食加健身，或者完成一次博物馆之旅，能够写一篇4000字的文章，能够陪伴孩子玩耍，能够指导孩子把最近几次的错题改一遍并且找到孩子错误的症结所在。正是这些事构成了人的生命。贪图那点饭桌上的刺激而放弃了，值不值得呢？

争吵是一件浪费时间的事。我从格雷厄姆和施洛斯身上学到了一点，那就是少找麻烦，遇到麻烦躲着点儿，不管是什么尽量不找麻烦。格雷厄姆曾经被大股东欺骗少赚了一大笔钱，有人劝他找律师告大股东，可是格雷厄姆不那么做，因为太麻烦了。

争吵是麻烦的源头。任何大的冲突一般都是从争吵开始的，我不愿意去惹这个麻烦，生活中尽量不争吵，要是发展到了争吵的地步就走开。其实闲聊才是争吵的开始，要防微杜渐，拒绝闲聊。

我以前还和我帖子下面说话难听的人辩论一番，甚至把骂人的人拉黑。现在不会了，现在直接无视这些骂人的人，我又不欠他们什么，随他们去吧。

现在的微信公众号设计就很好，直接把留言板给撤了，这样多好，有交流意愿的可以直接私信，避免在公众领域争吵。

第七节　投资的几个乐趣

投资是为了赚钱，这毫无疑问，但是投资也带来了其他乐趣。

日本有位老人，买入某公司大量股票。日本上市公司的股东福利规定可以得到一些优惠券，这位老人活得非常滋润，日常生活必需品需求基本上都能满足，虽然日本股市已经很多年没有起色，但是投资确实会带来物质上的反馈。

日本这位老人看起来还非常年轻，风风火火穿梭于各大上市公司，他精神上的收获我认为更大，每天都动动脑子、动动身子、吃五谷杂粮，这不就是深谙长寿之道吗？

我现在投资的主账户有各种各样的公司股票，我会看各种公司的财报，一方面纵向看上下五年的情况，另一方面横向看与同行业对比的情况，会发现非常有意思。

A股市场4000多家公司，各公司财报一家家地看非常有意思，像看电视剧，而且还不要会员费。例如美的集团和格力电器，还有海尔，这三家对比着看，尤其是美的集团和格力电器，看完财报，再去看两家投资者视如仇敌的争论，会很有意思。

有一些看新闻的乐趣是只属于投资者的，例如很多不投资的人很少有对瑞幸咖啡感兴趣的，最多是对其优惠券感兴趣，但是对创始人的经历、子公司情况之类的就毫无兴趣也一无所知，但是投资圈内的人早就聊得热火朝天。深夜还有人在聊自己是如何在瑞幸咖啡上爆仓的，有人炫耀自己是如何抄底在一个小时内赚到百分之百的。

投资圈外的人对石油价格是涨是跌毫无兴趣，但是投资圈内的人对石油、黄金还有各种期货价格的情况非常感兴趣，一有风吹草动就进行各种讨论争辩。例如石油价格大幅涨，于是我们马上就可以看到投资者投资的变化：从3元钱买起，跌到2.5元卖出，2.3元买入。你要是去掉了嫉妒之心再去看这种行为，会感觉非常有趣，从他们身上看到了自己的内心，对自己的羞愧能窥见一斑。这可能会减少我们自己将来比较低级地炫耀的可能，会选择一个高级一点的方式。

我会常看看沪深300的K线，体验一下天天赚钱的快感，释放一下人性中的冲动：只有努力才会有回报。人的这种冲动常常使人使劲使错了地方，企图通过对账户的频繁操作来释放，其实这种行为无异于通过股市赌博。这种操作账户的行为本身就是在赌博，因为什么时候会上涨或下跌其实谁也不知道。

投资的另一个乐趣是写文章。如果不是因为投资，不是因为有雪球网，我写的文章绝不会是现在这样的，我写过故事、写过游记、写过影评、写过书评，各种都有所涉及。只是在投资后才开始写现在这样的文字，写作的乐趣是很多人不知道的。

人在现实生活中不管是富裕还是贫穷，不管是愉快还是沮丧，心底总是会不知不觉地积攒一些消极的东西、一些负能量、一些需要找到出口的东西。这也是为什么很多人常莫名发火、莫名生气。写作是一个很好的疏解方式，可以让人释放出这些负能量。不管你写的是什么，你都会在写的过程中把这些负能量蒸发掉。这对自己是好事，对读者也是好事，因为你很可能把负能量变成了正能量，至少是带来有一定价值的东西，至少对一些人来说是这样的。

投资所引发的另一个可以带来乐趣的事——读书。没有投资前我读书很少涉及经济、认知、传记等类别，但是投资后发现了一个新世界，这个新世界和旧世界最大的不同之处是真实。这也是虚构读物和非虚构读物的一个重要分界点。

投资就是认知自己的过程，让自己认识自己的不足，认识自己潜意识、深层次中自己不敢面对的东西，认识自己的懦弱和无知、认识自己的光明和黑暗、认识自己的嫉妒心、认识自己的理解能力的真实水平。

这个过程很有趣。这也许就是人活着的价值之一——感到某件事有趣。

第十章

兼职获得现金流

现代信息社会，工薪阶层获得现金流是有很多方法的。几年前，纸质出版尤其是报纸业发展得很好，我大概每周能够写两篇文章发表，每篇一般会有200元左右的收入，还是相当不错的。当时我每月只有2000多元的基本工资。

现在社会发展更加迅速，是信息社会，兼职途径更多。例如开公众号就是一个不错的途径，还有给今日头条写文章等。如果给这些平台写出真正有质量的原创作品，收入是相当不错的。

同时，做这些兼职并没有影响自己的本职工作，不但没有影响，实际上对自己的本职工作反倒是有好处的，因为可以促使自己多视角看问题，反思自己的工作。

希望我们都能够真实认识自己的能力，然后在此基础上不断提高自己的能力和收入，毕竟人一方面生活在现实中，另一方面需要生活的希望去推动。

第一节　兼职的方式

一个人想赚到更多的钱，可能的途径有兼职。有人一听到“兼职”二字就觉得这人不务正业，其实不然，兼职的工作几乎每个人都在做。比如你白天上班，晚上看孩子就是一种兼职。为什么呢？这相当于兼职担任保姆和辅导老师。只要兼职不耽误本职工作，实际上完全是可以做的，甚至很多兼职对做本职工作也是有帮助的。

我觉得老师兼职的方式有很多：

（1）写专业论文。写数学论文，尤其是在各大中学报刊上刊发，一篇的稿费是100~200元。我在早年曾经每周能够发表两篇左右，每月赚的比工资还高，学校为了鼓励发论文还会补贴一些，实际收入非常高，并且评职称时也需要写论文，写作的积累也可以给自己的教学带来很大的帮助。

写论文需要积累素材，这就需要对学科知识非常熟悉，有深刻理解，对本职工作非常有利。

（2）写书。新东方长沙分校的一个校长，也是一位数学老师，平时天天做高考数学题，因此写了一本高考数学真题重新分类和高考数学从入门到精通的书，后来成为畅销书，估计每年获得的版税收入就很高。

当然，也可以写其他类型的书。我有一个同事喜欢写剧本，已经拍成好几部电影了，一个剧本一般是给两万多元，而且这个工作是个圈内的工作，也就是一旦进入圈内，工作机会是源源不断的。

（3）做短视频。老师把自己平常讲课的精髓内容拍下来传到短视频App上，如果质量真的高的话，那么这个账号很容易成为稳定流量账号，带来的流量收入是非常高的，而且还稳定。即使不去做视频直播也可以收入不菲。

（4）写公众号。写公众号的收入是非常高的。如果发文质量好，收入早晚会超过工资收入，而且对本职工作有很大的好处，因为写得不好就没人看了，这就要求自己必须对本专业有深刻的洞见。

（5）股权投资。定投沪深300之类的，就不说定投五粮液、贵州茅台等牛股了，只是定投沪深300，一个普通人也可以在50岁之前获得财富自由，每天投入日工资的一半，基本上就可以提前退休了。

这些兼职工作都可以使自己名利双收，而且对本职工作也有极大帮助，何乐而不为呢。

第二节　兼职需要的能力

很多人只是在旁边看着觉得做起来很容易，觉得自己也能行，实际上，不管是悟性还是毅力及努力程度都差得很远。

我曾经有幸遇到一位书法高手，看着他在那里随意书写，发现真的很好看，就会产生一种错觉——这个我也可以。实际上这只是一种幻想而已。能力是可以通过练习提高的，但是持续不断地练习一般人很难做到，就是有人强迫都不愿意，更别说在完全自由状态下了。

我总结兼职需要的能力有：

（1）悟性；

（2）努力；

（3）持续坚持。

自媒体收入挺高的专业和投资都要深入研究。

数学教育必须持续深入地研究，哪怕只是应试研究也需要有一个长期稳定的接触和思考的过程，而且还需要思考利益、诱惑的问题。我个人认为，投资中几乎每个人都有的贪婪、恐惧、占有欲望等这些与生俱来的东西，要适应而不是对抗，要因势利导而不是围追堵截。

我们研究教学可能的原因是为了职称评定，也可能是为了提高工资待遇，可能是为了变得更强从而在学生面前更有威信，可能是为了给他人留下好印象，可能是为了证明自己有本事，不一而足。这些都是很好的理由，没必要掩盖自己的真实需求，也正是这些真实需求在推动普通人不断努力、取得进步。

投资也是同样的道理，不要被一些投资理念忽悠，投资就是为了赚钱。这是绝大多数人的想法。

我的投资体系非常简单，有人会说投资体系这个词太大，两句话就能说清楚的事，为什么解释得这么唬人。我觉得没必要计较用什么词，我在教学中对学生发现的新东西还用学生的名字命名呢，这没什么。又不妨碍别人什么，对不对？不要拘泥于这些小的、表面的东西，要计较的是赚钱的事。我的投资体系非常简单，就是以东方财富和宁波银行为核心，底仓坚持不动，上层仓位高了就卖掉，跌了就买入，其他持仓四五十只，极度分散，主要是为东方财富和宁波银行服务，包括静态估值很低的烟蒂股，还有医疗、科技、芯片、白酒、消费等都是为核心持股服务的。

东方财富跟随大盘，宁波银行常常忽高忽低，但这两只自身一直在成长，一旦东方财富和宁波银行跌得多了就需要大批买入。钱从哪里来？来自其他持股的盈利，例如加仓的钱来自通策医疗和恒瑞医药大涨的钱。当东方财富和宁波银行大涨的时候我就会卖出，用这部分钱买入那些当时大跌或者调整时间需要很长的股票，种下种子，等待收获，收获后最后还是会回来的。

每年从东方财富和宁波银行获得的收益拿出一份固定下来，固定形式是购买指数基金，主要是五个：沪深300ETF、中概互联ETF、医疗ETF、科技ETF、红利ETF。其中的核心指数基金是沪深300ETF。

东方财富通过互联网入口引流到天天基金和东方财富证券，让客户在股吧交流信息，提供大量免费数据给客户。这样客户一旦进来就很难出去，形成了闭环结构。

我的投资就是模仿这种形式：东方财富和宁波银行的底仓获得成长的钱，上层仓位获得投机的钱来自其他极度分散的几十只股票，每年获得纯利用指数基金的形式固化下来。在这样的闭环结构中，只要赚到钱就很难再赔了。

做自媒体也是同样道理。我们要老老实实问问自己为什么做自媒体。我想我能听到很多冠冕堂皇的理由，但是真实的心里话很少能够听到。冠冕堂皇的话就不提了，说说那些真正的原因：

（1）为了获得认同感。网络社交也会遇到真正的好朋友，网络中见到的深刻有见地的朋友要比现实中多很多，这也是社交功能的体现。

（2）为了获得更多资源。自媒体影响大。会有很多粉丝，粉丝中有一部分人是各个行业的专业人士。这些专业人士的看法非常重要，平常是很难接触到这些人的，但是作为朋友就愿意真实地分享。这是一个非常难得的资源。

（3）为了获得被动收入。当我们发文有质量、有深度的时候，就能够获得相当不错的流量。有些自媒体能够有不错的分享收益，比如公众号，我在公众号上的收入每个月能够达到2000元左右，而且还在稳步提高，这样既能给关注我的朋友创造价值，也能让我获得可观的被动收入。不要小看这2000元，是非常不错的收益。

公众号目前是对创作者最友善的自媒体平台，再就是雪球网。雪球网虽然每月收益不多，但是有很不错的社交功能，这是其他平台少有的。雪球网主要是没有微信公众号和今日头条那样的广告流量分给作者作为收益，但是雪球有回答和打赏的功能。有很多创造价值高的活跃用户可以借此获得相当不错的收益。

头条我是刚开始使用不久，发现头条分的流量收益也是很不错的，而且不要小看读者，我查看后台数据，阅读量大的文章一半都是我写的质量不错的。我在头条上的收益从每天几分钱在短短两周内就涨到现在的每天将近一元。因此我认为头条的成长性很好。

（4）写文章不但能够给别人带来价值，还能给自己创造更大的价值。一个是能获得基本面分析的价值，我们如果封闭做研究，做出的研究往往会忽视某些东西，但是写出来分享可以加深自己的理解并且能够获得更多的、新的视角下的观点；另一个是能获得情绪价值，内心需要坚守的时候，写出来明显能增强坚守的力度和时间长度。

写公众号会上瘾的主要原因是：

（1）很多人点赞和点“在看”，这是一种精神上的奖励。

（2）有流量主收入，很多朋友点我的文章中的广告，我可以获得一定的被动收入。有人说，你不是有钱吗？这点儿钱也看在眼里。我想说的是打游戏的时候，那些虚拟的等级为什么我们很在意呢？甚至愿意用金钱去买虚拟装备，根本原因就是人需要奖励，我需要的就是这个奖励。这是一种认可，钱很少，大概每天十几元钱，多的时候二三十元，这小小的奖励也会给我带来很大的上瘾感。

（3）公众号可以让我每天定时反思和记录我每天的所思所想，日积月累就成了一份很好的资料。

总而言之，写公众号对我有百利而无一害，我非常喜欢，也愿意一直写下去，有一天公众号的收入超过我的本职工作的工资也是可能的。我现在的公众号收入流量加打赏收入加起来大概能达到我基本工资的三分之一，也许有一天会超过我的工资收入。

第三节　中庸之道

我们来谈谈股市投资与人性格的关系。投资成功的关键是会估值和情绪控制。估值是可以学习的，把自己限定在一个小领域，慢慢熟悉，就能建立一个自己的小小能力圈。即使很小，但是有用就可以了，就好比一个人即使只是会教别人做数学题，而且只会教别人做高中数学题，也能活得很好。如果不怕辛苦，他的收入可能非常可观，甚至会超过绝大多数人。

能力圈是可以通过努力、勤奋长期坚持拓展的，例如我就在五年时间内对兴业银行、宁波银行、招商银行、贵州茅台、五粮液、山西汾酒、万科、中国平安、海顺新材、中体产业、东方财富，还有很多小市值公司建立了一个小小的能力圈。这个能力圈完全可以通过后天的努力获得。

赚钱的总是少数人，这是为什么呢？明明很多人都可以通过后天的努力获得估值能力，却总是有百分之九十多的人不赚钱。巴菲特总结得非常有道理：别人贪婪我恐惧，别人恐惧我贪婪。常常有人反驳说，什么叫别人？什么是贪婪？什么是恐惧？我简单地解释一下，当然不准确，但这是我自己的理解。

股价就是大家，大盘就是情绪，大盘狂跌，比如大盘跌到3200多点，那就是别人恐惧的时候，当大盘快速上涨的时候就是别人贪婪的时候。

大盘情况是股价决定的，单个股价是由群体情绪决定的，因此所谓别人就代表大盘，所谓贪婪就意味着快速上涨，所谓恐惧就意味着快速下跌。这是很容易判断出来的，很多人却说判断不出来，这就是在胡说。真正难把握的还是别人贪婪我恐惧，别人恐惧我贪婪。人在不断进化中获得了跟随群体的生物依赖性，跟着大部队不容易被消灭。这在历史进程中被证明是有效的，但是放在股市投资中就恰恰相反了。

只有少数人能够赚钱，这是铁定的事实。因此我也在这里劝读者不要劝任何人轻易进入股市，即使是最亲的人，因为绝大多数人注定是要赔钱的。有些人虽然天生就人际关系不好，常常被人群孤立，而且常常不是被动的，而是主动的。那么这类人可能天生就具备投资所需要的理性，但并不是绝对的。请注意这一点。这类人的选择常常和大多数人不一样，例如当我们都想赚大钱的时候，他们不想；当我们都害怕的时候，他们反而迎了上去。这类人身上表现出非常容易判断的特质，我简单总结为：爱说真话，得罪人了都不知道；做事、做人固执；大家心里都觉得他们人很怪，只是不说出来而已。

就是这类人适合搞投资，如果能够早点进入股市，那么很可能会成为一个稳定盈利的投资人。所谓财富自由不过就是被动收入超过了生活所需。认识真实的自己就会知道自己的真实需求，就会知道需要创造多少被动收入才能实现财富自由，而不是沉醉在幻想中不可自拔。

真实的自己也许非常平庸，能力一般，那就把物质欲望控制一下，因为对于真实世界中自己这样的人应该是什么消费水平应该心中有数。我认为实现财富自由真正的难点不是被动收入的创造，而是能不能真实地认识自己。

第十一章

普通人也有优势

普通人一般都上有老下有小，没有太多钱，没有太多时间，也没有什么深入研究股票的能力，但是我们知道在投资上不是看谁的能力强、谁的时间多，也不是看谁分析财报的能力强，更不是看谁的研究面宽，而是看一个人是不是有自知之明。一个人把自己限制在一个很小的领域，明白自己就这么大本事，那么也可能赚到大钱。

A股一般每五年左右会出现一次牛市，我们看熊市和牛市中有的品种有明显的趋势，可以把握，而且大部分人也都知道。比如券商品种，熊市极其低估，牛市极其高估，熊市低点价格可能只是牛市的六分之一不到，而且屡试不爽，每轮牛熊都是如此，未来大概率也不例外。

如果我们嫌弃券商还需要进行选择，太麻烦，那就选龙头，比如中信证券。要是还嫌麻烦，那就选券商ETF或者证券ETF，最近还有一个龙头券商ETF上线了。这类ETF追踪证券指数取到平均收益是很容易的。

1元以下你随便买，最好分批买入，因为熊市券商杀跌极其狂放，根本不知道底部在哪里。2元以上分批卖，因为牛市券商轮番上涨，根本不知道顶部在哪里。顶部价格是底部的六倍也许不止，0.6元时买，4元卖出都有可能。但是我们普通人不要走钢丝。一年买卖一两次就够了，五六年大操作一次，年化收益率实现15%是没有问题的。

将获取的利润分为三份：

一份作为现金，现金也别闲着，放入银行定期存款就可以。

一份用于买房，买优质地段的房产。

一份用于买股票，买看得见也感受得着的产品的股票，买“大众情人股”，买大家都知道好的，例如中国平安、格力电器、美的电器、贵州茅台、五粮液、招商银行、宁波银行等。买了你别卖，这就像房子，多高价格都不卖，因为普通人无法确切知道公司的内涵价值，更无法衡量市场情绪的变化，因此无论高低始终伴随，就相当于存养老金了，只买不卖、只进不出。

长年累月下来，普通人也就不普通了。要有自知之明，就待在这个小领域别出来。生活第一、工作第二，炒股这件事都不要排在第三，一年看一次盘就足够了，别人说什么你都别管。有时间看看电视，到处旅游。

这样下去想不自由都难！

第一节　普通人的优势

普通人的优势是能坚持早起，下面是我早起的一点心得。

早起对我产生的影响：

五点起来主要处理这一天的计划事项和一些杂事，读书占据一部分时间，大块时间用来研究宁波银行，收集到大量关于宁波银行的信息并做笔记，收益很多。主要收益之一是对宁波银行的管理层有了认知，了解了其拨备覆盖率充足的原因、为什么发行可转债、营收的来源、弊端为什么控制得好、为什么有些大股东减持，甚至包括宁波银行的员工收入情况我都做了了解。细节越搜集越多，理解也就越来越深刻，负面的东西也找到一些，例如大多数人认为宁波银行的股价不便宜，当然也存在各种争论。

投资方面，早起以后我开始认真研究宁波银行，做出重大决策的前提是这个决策是在自己的能力圈内。把宁波银行打个比方，就像一个小卖铺，地理位置好；周围人还喜欢消费；小卖铺生意好，老板敬业守信且善待员工；手中现金丰厚，不怕短期内生意不好，抗风险能力强；赊欠的钱少；大部分客户都是守信的人。这样的生意就是价格稍微贵点买了也值，尤其是对于买了就不打算卖的人，这是一家好公司。

普通人投资的优势是非常明显的，就是普通人投资的股票即使全部卖出也不会导致公司股价大跌，也就相对容易出手。

第二节　什么是成功，没有标准答案

投资成功依靠的是自己的原创思维。不管是格雷厄姆还是巴菲特、施洛斯，或者是芒格，一个人对投资没有原创性独立思考的能力是无法成功的。原因如下：

（1）成功投资者的秘籍是有所保留的。

（2）即使成功投资者的秘籍没有保留，格雷厄姆应该算是保留最少的，他的弟子沃尔特·施洛斯就是有所保留的，格雷厄姆的核心是什么？是量化分析，这是大部分人学不会的，也是懒得学习的。

（3）任何方法都是有局限性的。例如巴菲特就赚不了科技股的钱，假如巴菲特来到A股市场，2020年上半年业绩应该也不会怎么好。其老师格雷厄姆也会是如此，别说在2020年赚不到钱，就是从2019年到2020年也赚不到太多。本质原因不是投资方法有问题，而是任何方法都是有局限性的，价值投资只是投资领域内的一个小门派，投资中最大的门派还是技术派。

投资成功的秘诀是依靠自己的原创思维。

（1）选股需要原创思维。

（2）局限在某个小领域内。例如有的投资人就只投一家公司，有的投资人就只投一个行业，有的投资人就只投自己熟悉的几家公司，有的投资人只投ST板块，有的投资人只投次新股，有的投资人只投医疗板块，有的投资人只投白酒板块，等等。

（3）投资需要原创思维。有的投资人只是在出现某种信号的前提下才出手，而且只盯着这一类信号。

（4）这种原创思维一定不是道听途说来的，也不是看书看来的，而是自己摸索出来的，当然有借鉴他人，但借鉴是表层的手段，原创思维是内核。

（5）原创思维不一定多么高深，但是要有效，在特殊情况出现后有大用处。

有一部非常出色的电影《遗愿清单》很好地说明了这一点，很多人其实本身就不清楚自己的人生目标，更不知道自己的遗愿清单。清单的作用本质上说是让人脱离情绪决策，让人能够总结经验进入理性选择之中。人是很容易被情绪所控制的，很容易陷入自以为理性的情绪决策之中，有时候还不如掷骰子的效果好，投资也是如此。

写下清单、记录清单、经常复习清单，能够让人不断总结过去，判断现在的自己距离人生目标还有多远，是否偏离，侧重点在哪里等。这类似于在计算机中输入数据，经过计算后理性决策，最大限度地摆脱纯粹的情绪化决策。

生活中所有的事情都可以列出清单，读书、电影、美食、专业、旅行、感恩和投资等都可以。清单最好是纸质的，便于回看，你可能会在其中发现一个可能陌生的自己。

清单能让人站在巨人（过去的自己）的肩膀上。例如在瓷器在中西方的发展中就能发现巨大的差异。我国是瓷器的起源地，但是一直是凭借经验制作，而欧洲是用化学和机械的方法来研究和制作瓷器，破解了高岭土的秘密和基本化学成分后，借着机器的力量将瓷器的价格大幅下压。不过，经过努力和追赶，中国瓷器仍然在全球占据重要的位置。站在巨人的肩上发展是多么重要，这很类似于清单的作用。

一次次完成清单任务的微小成就感犹如受到多次、反复的赞扬，还会让你拥有不断成长的强大动力。任何一个投资者如果想要获得更大的成功，都应该对过往交易和公司进行定期总结和回看，可能会发现很多新的、有价值的信息。我虽然智力平庸、悟性不佳，但是勤于总结，对清单的力量很清楚，所以投资结果还是令人满意的。例如，我对兴业银行的投资记录进行了回看和反思，该股票我已经持有整整三年了。这是我投资生涯中赚钱最难的一次，现在持有三年的收益是50%多，年化收益率在15%左右。这三年每到价格低点往往有增持的记录，这说明我在大众最悲观的时候还是能够克服情绪的局限，不跟随大众起舞，反而逆向而行，大胆增持。在19元以上时也发现过多次减持记录，而我对兴业银行的估值判断是25元，中间的价格沉沉浮浮，多次“电梯”（即曾经股价涨到很高但是没有卖出，结果股价又回到买入价附近，甚至低于买入价）。

这对我的启发是什么呢？

第一是要累积小的成就。增持要慢慢增持，因为你永远不知道低估会有多低，个人的情绪已经难以捉摸，更何况公众情绪；同理，你永远无法想象高估会有多高，公众多狂热，减持也是要慢慢减持。

第二是要在重视净资产估值的基础上，深入研究公司盈利能力如何改善。兴业银行这三年来一直是被低估的，这毫无疑问，但是我是在学习施洛斯和格雷厄姆的理论基础之上得出的估值，估值也没有错误。就像格雷厄姆在美国国会上所说的，他也不知道为什么低估值的公司终究价格会恢复，但是就他的观察，事实也正是如此，可能是股息的作用，也可能是市场供给关系的作用。总结这三年下来，我发现兴业银行股价起起伏伏的本质是市场对兴业银行的盈利能力在质疑，而不是在质疑是否低估。对比招商银行，对比顺鑫农业和晨光文具也可以看出，市场对公司估值的反应往往是滞后的，反而对公司盈利能力的变化是非常敏感的。高盈利意味着高风险，也是因为短期的盈利能力高低可能会发生逆转；反之，低估值公司的盈利能力如果反转，市场给出的价格也会大幅转变。

因此，我要在低估值的基础上，格外重视对公司盈利能力的估计。当然，这个太难了，但是低估值是安全垫，可以极大地挤压运气的成分。这需要对公司财报和行业及宏观形势有很强的前瞻能力。

第三，学习和成长不能止息，不能说我对现在持有的公司很满意就放弃学习和研究其他公司的资料，因为变化是永恒的，不变是想象中才有的。例如从2019年到2020年三月份我持有半年的券商大幅上涨，但是由于那段时间疏于研究，中信证券股票大幅盈利卖出后我觉得不知所措，就是安于享乐的后果。

我为什么在投资中分散不深入研究?

1. 不深入研究的前提是面对真相，承认自己的无知。

我这样做的前提是承认自己对世界的认知是片面的、局部的。例如我看重天迈科技的智能交通、充电桩及公司和宇通客车的深度绑定的资料。我看过公司历年年报和招股书，也查阅了涉及公司的新闻，那么我就相对比较全面认识这个公司了。即使我全面认识了公司，我就能够对公司未来做出确定的判断吗?恐怕这个连公司老总都做不到，天迈科技公司老总从郑州公交职位上下来估计自己都想不到公司能够上市，把智能公交做成全国第二。

这就是我不深入研究的原因，因为即使是公司老总也无法预测特定经济大环境中公司能不能适应且壮大起来，更何况是我们个人投资者。因此我没有买入那么多，只买入百分之十五到百分之二十的仓位，已经是第一大重仓，在有盈利的情况下还连续减仓，一直减到现在的一点点底仓。

我承认我可以不断研究、不断理解，但是我可能永远无法看清楚真相，因此一定要分散、极度分散。

2. 投资之外还有生活

我分散不深研的另一个原因是投资之外还有生活。我们投资一方面是为了享受投资的乐趣，也就是获得预期兑现和赚钱的快感，但是投资毕竟不是生活的全部。投资之外还有家庭，有自己的小乐趣，比如读书、写作、观看优质影片、享受美食，等等。

如果过度深入研究，假如当初我重仓买入蓝海华腾的股票，深入研究，但是导致生活不幸福，患得患失，睡不好觉。这就不是投资了，是遭罪，即使赚了钱身体也垮了，更别说万一赔钱就会面临物质和信心的双重毁灭。

为了享受到生活的美妙，我愿意放弃深入研究才能多获得的那点超额收益，我愿意承受年化百分之十五的收益率。然而往往当我只是期望获得百分之十五收益率的时候，股市往往会给我带来惊喜，这就是运气好。

3. 深研不一定能提高收益率

深入研究能够提高收益率？我觉得也要一分为二地看，一方面可能会提高收益率，但是付出的代价太大了，需要投入非常大的精力。这些精力要是本人愿意投入自然没有问题，但是我个人觉得还有很多更好的事情可以体验，比如读书和看电影。另一方面由于个人资质问题，深入研究也不一定就能够提高收益率，反而有可能让深入研究成为赌运气的另一个冠冕堂皇的借口。

4. 追求顺势而为

纵览我过往的投资经历，顺势而为是赚钱最舒服的方式。我在投资中有些逆势，例如兴业银行的投资，往往是越跌越买，16元以下越跌越买，18元以上越涨越卖。比如2019年投资的上汽集团，真是惨烈。上汽集团的投资就属于顺势而为，还有宝钢股份、中远海控等，投资操作非常舒服，因为不是逆势，往往赚钱很快，即使略有回调也能快速收复“失地”。

我个人认为以后的投资操作更多的还是要顺势而为，也就是涨出趋势来再买入，不着急买入。这和我加仓的趋势是对应的，我加仓的一种主流方式是不预测底部，从地底出来后再重新加仓。现在我也要在买入阶段考虑这个因素，涨成趋势后再买入，这样买入和加仓就统一起来了。

读雷军的传记，发现雷军前半段投资是逆势，后半段是顺势，轻松得多。投资顺势而为更舒服，这并不是说逆势不会成功，而是太辛苦了。金山公司积累那么多年，逆向而行，非常辛苦，也能成功上市了，但是小米短短几年内就成功了，这还没提及小米下面的子公司，例如石头科技。雷军前半生投资是逆势，不过是在求伯君之下，这样在逆势之下可能也是不得已而为之。他中年后是顺势而为，轻松多了。

第十二章

打新获利赚不停

虽然股市投资有风险，但也有一些获利时机，如果把握好就能获得相当不错的低风险收益。例如可转债打新，在某些时间段打新风险很低且够获得不错的收益。再如打新股，它的收益率更高。在注册制即将落地的大背景下，打新股也不再是完全无风险了，需要结合公司基本面和发行价分析才能获得可观的收益，但这些收益确实相对来说风险要低得多。

第一节　打新股的高中签率

新股规则自从改革后，需要有市值才能打新，但是不用现金在账户操作，只需要打中后注入现金就可以了。

新股从2016年到现在，总体来看，绝大部分时间都是赚钱的，而且有些能够赚到十倍以上，基本上是低风险收益，因此也出现了各种低风险获利的方法，例如找机构和线下打新。

根据账户资金量的大小，长期坚持打新股每年获得的低风险收益可以达到2%~10%。当然是在目前A股新股供应不充足的前提下获得，将来注册后会不会大幅度缩水，需要具体问题具体分析。

（1）打新股首先在T-2日前20个工作日，日均持有10000元相应市值的股票才有资格去申购新股，也就是前20个交易日必须手上持有沪市、深市10000元市值的股票，当新股出现时，才可以申购新股。

（2）T日，网上申购。根据市值申购，无须缴款。T-2日前20个工作日的上证10000元市值，可以申购1000股，深证5000元市值可以申购500股。

（3）T+1日，主承销商公布中签率，组织摇号抽签，形成中签结果，上交所或中国结算深圳分公司于当日盘后向证券公司发送中签结果。晚上8点左右公布中签率、中签号，即可在网上看到是否中签，以及相对应的市值。

（4）中签的投资者确保其资金账户有中了签的新股所需认购资金，截止时间是T+2日下午4点，因为4点是银证转账关闭的时间，账户上保留所需资金就可以了，股市收盘后系统会自动扣款。

注意：以上T+N日为交易日，遇周六、周日等假日顺延。

申购注意事项：

（1）投资者可以使用其所持的账户在申购日（以下简称T日）申购发行新股，申购时间为T日上午9：30—11：30，下午1：00—3：00。每个账户申购同一只新股只能进行一次（不包括基金、可转债）。重复申购只有第一次申购有效。

沪市规定每一申购单位为1000股，申购数量应不少于1000股，超过1000股的必须是1000股的整数倍，但最高不得超过当次社会公众股网上发行数量或者9999.9万股。深市规定申购单位为500股，每一证券账户申购委托股应不少于500股，超过500股的必须是500股的整数倍，但不得超过本次网上定价发行数量。

申购新股的委托不能撤单，新股申购期间内不能撤销指定交易。

申购新股每1000（或500）股配一个申购配号，同一笔申购所配号码是连续的。

投资者发生透支申购（即申购总额超过结算备付金余额）的情况，则透支部分确认为无效申购不予配号。

每个中签号只能认购1000（或500）股。

新股上市日期由证券交易所批准后在指定证券报上刊登。

（2）申购网上定价发行新股须全额预缴申购股款。

新股发行的具体内容请详细阅读公司招股说明书和发行公告。

申购方法和技巧：

正是由于如此多热衷"打新股"的机构动用巨额资金认购新股，使许多中小股民更加难以中签。虽然并没有绝对的"打新股"技巧，但是中小股民可以采取以下几种方式"打新股"，提高中签率。

（1）间接参与“打新股”。本方法是最稳妥、最高效的打新方式。股民可以购买专门“打新股”的基金和其他理财产品。

（2）多账户申购。家人都开户的话中签的概率很大，由于需要符合政策规定，需要家人自己用自己的账户申购，不能代劳。

（3）选择时机下单。一般而言，刚开盘或快收盘时下单申购的中签率相对较低，而在上午10:30至11:15和下午1:30至2:00下单的中签率相对高一些。

（4）借助基金和银行打新股理财打新股。有不少基金、银行理财产品等都直接挂钩打新股，收益率在10%左右。

第二节　打新股配置门票

大家可以在东方财富网的“新股申购”频道中看看历史上新股顶格申购需要配置的市值数据，绝大多数都在20万元以内。为了避免浪费，单个账户准备20万沪市市值+20万深市市值的金额就足够了。对于金额过多的情况，因为每只新股对于每个人来说只认第一次申购，所以这种情况可以考虑用亲人的账户来实现多账户打新。但因为两市的新股数量、收益等情况不同，所以两市市值均分时资金的利用效率不一定是最好的。那该怎么来分配呢？复杂的计算就不说了，这里给大家介绍一个简单的工具，通过点击集思录网站——实时数据——新股——新股市值配置，输入底仓总资金等数据，就可以得到市值分配建议。

所以到这里，我们解决了第一个问题：如果想要在沪市和深市都参与打新股，至少要在两个市场各准备1万元市值（因为市值会波动，保守起见，建议大家可以将初始投资金额加到1.5万元）；想把中签率提高到最大的话，各准备20万元就足够；但如果想提高资金使用效率，可以根据你的资金量，利用工具，在两个市场进行巧妙的非等值分配。

很多人认为打新门票应该选择那些高股息和低市净率、市盈率的股票，我倒是认为不必如此，最好选择长牛股。什么是长牛股呢？就是那些市值大且股价一年比一年高的股票，也就是几乎每天都破新高的股票。这种股票可以通过年线很容易找到，曾经把沪市的招商银行和深市的宁波银行股票作为打新门票用，效果非常好，不但打新效果好，而且本身一直在升值，估值也不高。当然这并不是投资建议，而且随着时间的推移，这样的股票也不一定符合现在的情形。

第三节　可转债打新

可转债是一个非常有趣的投资品种，既有债性又有股性，可以说可转债打新如果时间长度能够保证，一般不会赔钱。它比新股要有保证得多，但是新股收益非常丰厚，新债收益并不高，一般一签也就是一二百元，多的有三百元，少的也就几十元，但是如果坚持打新债，这种收益是稳定可持续的。

打新债不需要有市值，只要有证券账户就可以打，风险很低。

如果想参与可转债“打新”，怎样避免“踩雷”呢？一般来说，溢价率越低，破发概率越小。其实对于一个可转债的估值高与低，我们可以通过它的溢价率来判断。通常转股溢价率越高，代表转债价值越低，上市后破发的概率也越大。这里有个公式可以参考：

转股溢价率=（转债现价－转股价值）÷转股价值×100%

转股价值=正股价格÷转股价格×100

大家应当综合判断一下新发行的可转债是否具有打新价值。因为除转股溢价率以外，可转债上市首日的表现还会受到转债条款、正股走势、市场环境等诸多因素的影响。

1. 打新债的门槛

最基本的要求就是拥有一个股票账户，没有账户的要先开户。

我调研了几款市面上比较火的券商App，也做了一些比较，还没有开户的或不知道如何开户或不知道选哪家券商的可以关注一下。

一句话，打新债基本就没有任何门槛，任何人都可以打新债。建议留有5000～10000元的闲置资金。如果打中的话，不用担心没有闲钱缴款。

（1）新债怎么选

不是所有的新债都能赚钱。上市当天也不是所有的可转债都是涨的。据统计，2019年有11只可转债首日破发（跌破发行价），但是亏损的金额也不是很高，最大首日亏损是雅化转债，为50元。

那么如何避免打中的可转债破发呢？从债券对应的股票入手分析，如果这只股票的基本面很好，就代表有盈利的可能性；其次看这只股票的估值，估值不高就代表还有上涨的空间。

而从溢价率来看，溢价率比较低，是负数更好，溢价率越低，破发的可能性越小，上市当天收益就越高。最后从评级上分析，选债券评级高的，最好是AA级以上的。

如果你是新手，不知道如何分析，那就可以尝试“无脑”打新，每只都打，毕竟破发的概率还是比较小的。

（2）打新债中了之后怎么操作

如果有幸中签了，在上市当天是卖还是继续持有呢？这个具体看投资者对收益的心理预期。本章开始我有提到，很多可转债上市第一天都涨了20%~30%。这个收益已经很高了，如果收益已经达到你心里的预期，建议落袋为安。如果你未来还是很看好它，那就可以继续持有，继续持有到它涨到你的心里价位再卖掉。

（3）实际操作打新债

第1步，打开券商App，点击首页打新股—新债申购。

第2步，如果有新债发行，就点击立即申购，页面上会让你输入申购数量。如果你对这只新债有信心，建议点顶格申购，也就是选择申购上限的数量。填完数量之后点击确定。

有朋友担心顶格申购如果中了，拿不出来那么多钱怎么办。其实顶格申购实际最多只能中10张～30张，每张票面价值是100元，也就是需要准备1000～3000元的现金。

顶格申购只会提高中签的概率，如果你有5000元左右的闲置资金，不用担心拿不出足够的钱来投资。

如果你想多中一点，可以考虑把家人的身份证都用起来，多开几个账户一起打新，当然也要遵守法规。

第3步，在申购数量全部填写完后，选择“立即申购”。

第4步，选择“确认申购”。

就这样，打新过程就结束了。是不是非常简单？

接下来就是等中签，一般需要2个工作日。中签成功后系统会通知你将多少资金转入证券账户，然后系统会冻结资金，直到可转债上市才能操作。如果中签了，及时缴款，等待上市，一般要等2周到1个月不等。

2. 打新债可能会发生什么风险

可转债本身是债券，债券是一种风险较低的产品，一般只要公司不破产，持有债券到期就能拿回本金+利息。当然，除了公司破产（一般可能性很低）之外，还有一些可能存在的风险也要提一下。

（1）强制赎回

可转债有个赎回条款，条款中规定发行者可以在发行一段时间之后强行赎回债券。这种情况发生也不代表是坏事。但是一旦发生了，投资者需要尽快转股或者卖掉，不然可能会有一些亏损。

（2）破发/价格下跌

如果上市公司新发行的可转债在上市后出现下跌，比如100元/张的可转债上市之后跌到95元/张，可能会导致投资者出现恐慌心理，如果一直下跌可能会失去耐心。

这时候就要有非常好的心态。只要保持耐心，价格总会重回，只是重回的时间无法确定；如果价格一直没有上去，那只要持有到期就能拿到本金+利息。对于投资者来说，损失的是时间和收益，而不是本金。

打新债和打新股一样，要想提高概率，最好是多账户打新，但是限于政策，最好是家人都开户，然后教家人分别操作自己的账户。这样中签的概率很大，说不定可以直接解决家庭的基本花销问题。

第四节　新股买入卖出的标准

新股、新债卖出时机的选择很重要，有的时候卖早了后面还有好几倍的上涨，例如金龙鱼上市开板后又涨了好几倍，卖晚了也有可能出现连续跌停的危险。

我一般卖出的时机是在开板后，也就是打开涨停板后就卖。新债开盘就卖。现在科创板和创业板开始实行注册制，前几天是没有涨停限制的。新股一般直接一步涨到位，我就会看机会卖出，实际上企图卖到最高点往往只是一种奢望。差不多就可以了，不管赚多少，是赚钱就行。

第五节　多账户

下面是一个网友的案例：

我收到了财达证券总部的电话，说监控系统监测出多账户通过同一IP发出委托，十几个账户都是一人操作，系统看得清清楚楚。说是禁止这样操作，我说我帮家里人打新不行吗？对方说不可以。

这种情况怎么办？是不是财达证券的只能监测出财达证券的账户情况，别的券商的运行情况监测不出来？

你可能想不到吧？新证券法实施后，较为常见的用父母、配偶账户打新的行为可能被判定为“违法行为”，理论罚款上限高达50万元。

2020年3月1日正式实施的新证券法第五十八条规定：任何单位和个人不得违反规定，出借自己的证券账户或者借用他人的证券账户从事证券交易。

新证券法第一百九十五条规定：违反本法第五十八条的规定，出借自己的证券账户或者借用他人的证券账户从事证券交易的，责令改正，给予警告，可以处五十万元以下的罚款。

这意味着，法律限制的对象从法人扩大到个人，今后任何人都不得出借或借用证券账户从事证券交易。监管部门对账户实名制的监管力度正在不断加大。矛头主要指向两类活动：一是非法证券活动，如非法出借账户、非法代客理财等；二是利用证券账户洗钱等行为。据了解，券商开始从严监控“出借或借用他人股票账号操作”。有券商明确表示，同一设备上登录超过两个以上不同身份账户进行交易将面临账户冻结的风险。

多账户打新不但面临政策风险，也面临信任风险，现在开户政策是很严格的，一般开户名字和银行卡信息一致，就我所知，有人因为打新出现信任问题，主要原因是人性经不住金钱的考验，尤其是大笔金额的考验。

有些人看到账户打新收益这么高，不免会出现别的想法，很容易出现心理失衡，甚至锁住账户的可能。因此，多账户打新也要做到合规、合法。

政策范围内打新多账户是不是可行？我个人认为有一种方式是可行的，确确实实是符合政策规定，那就是家庭成员都独立开账户、独立操作、独立打新，就是符合政策规定。我们投资一定要诚实守法，这是基本前提。

第十三章

股息养老很靠谱

每一家公司都有出生、成长、成熟、衰退、消亡几个阶段。因此，如果想为了养老获取股息，为了自己退休生活更加有保障，最好是买入一组长青公司的股份。

实际上，沪深300就是由这样一组优质公司的股票组成的，而且会随着时间的推移进行筛选，清退那些不符合条件的公司，留下的一般都是当时市场上最好的300家公司。投资沪深300的公司是非常靠谱的投资方式。

沪深300很多公司不分红，但是有没关系，我们可以等到退休后需要钱的时候，每月定期卖出一部分养老用。

真正可靠的不是现金，也不是房子，很可能还是优质股权投资。普通人可能没有非常出色的投资眼光，但是有稳定的现金流，这是一个长处，通过每月定投拿到一定份额的沪深300，退休后再拿出来一部分用于消费。

因此，以股息养老其实是很靠谱的。

第一节　现金股息

现金股息是以现金形式支付的股息，是股息支付的最常见形式。企业在半个或一个经营周期结束后，从盈余中提取一些现金直接支付给股权登记日登记在册的全体股东。形式有：常规股息、额外股息和特殊股息。

企业向股东支付的现金一般来自企业的当期盈利或累计利润。所有股息都必须由董事会公布，收取股息者需要缴付税项，发放现金股息的多少主要取决于公司的股息政策和经营业绩。

现金股息是以现金方式向股东派发的股息，也是最常见的一种股息派发形式。投资者之所以投资股票，主要是希望得到较一般投资者多的现金股息。发放现金股息，必须具备三个条件：有足够的留存收益，有足够的现金和有董事会的决定。

股息有什么作用？我想说，炒股真的不用看股息，请注意是炒股。看天气炒股也是可以的，这里咱们不聊。

股息的作用是显而易见的，很多牛人也都说过，这里我说说我的看法：

（1）稳定的股息可以从侧面反映出企业的健康程度，可以有效排除财务造假。

（2）持续增长的股息可以反映企业的盈利是否可持续。

（3）股息不在于太多，在于是否稳定、持续增长，这能够代表管理层积极反馈股东的负责任态度。

（4）股息可以使人在熊市有效利用较低的股价增多股份持有量。

（5）股息有利于股东以被动收入的视角观察企业，不会陷入市场先生的疯狂情绪之中。

（6）股息有利于个人晚年获得有效的现金流入。

总而言之，股息是非常重要、不可或缺的衡量企业是否优秀的基本标准之一。股息的好处是不言而喻的，它也可以作为财富自由的一个重要标志，但是不能静态地看股息。我们回头看那些曾经出现过的热潮——金融P2P，各种小额贷。这些公司中有一些用高息吸引了不少人投入自己的存款，人们开始也能获得相当不错的类似股息的利息，但是后来就没有了，但本金最终也没有了。

因此，看股息不能静态地看，而是要动态地看。股息可以不同形式存在，例如我们买入一家公司的优质股权，现金股息自然可以当成被动收入来源，但是如果公司在持续不断升值，那么股息也可以是卖出的一小部分股权份额。例如持续买入沪深300，虽然股息很少，但是可以在退休后每年卖出一小部分作为生活费。这也就是另一种类型的股息。整体来看，沪深300是一直升高的，沪深300不断淘汰弱的公司，加入新的优秀公司，形成强大的正循环效应。即使现金股息少一些，也足以通过升值作用替代现金股息的作用。

第二节　股息养老可行性分析

我已经有稳定的盈利方式，以宁波银行和东方财富为基本盘及其他四五十只股票打辅助，每年虽然说盈利不能翻倍，也不能达到百分之五十以上的收益率，但是总体上来看每年的获利情况还是不错的。

我现在开始准备启动养老计划，我大概还有二十年的工作时间，我每年盈利也挺稳定的。这些盈利我原来都是选择消费和存成货币基金，以后我准备拿出一部分买入指数基金。

假如每年能够买入沪深300ETF（SH510300）、红利ETF（SH510880）、医疗ETF（SH512170）、中概互联ETF、科技ETF、芯片ETF、基本面50ETF等各一万份，那么到退休的时候估计就能拥有二十万份。

假如还有二十年退休，每年买五万份红利ETF，到退休时一百万份红利ETF每年的分红是十万元，在社保、医保的配合、身体健康、能够自理的前提下，估计有可能实现财富自由。

我有一个朋友，已经成为红利ETF的第十大持有人，这意味着他每年获取的现金股息就已经够养老用。他仍然在不断买入代表中国最有活力的互联网平台公司的指数基金——中概互联指数基金，还有医疗ETF及消费ETF。中国未来很有可能进入老龄化社会，消费、医疗和科技必将成为最值钱的资产，而且会越来越值钱。

投资不是静态的，而是一个动态的过程。不是看过去，而是看未来。谁能洞察未来，谁就能找到最好的投资标的，然后持续不断地买入就可以了。

第三节　高股息股票

我用雪球股票筛选器选了一下，发现高股息股票收益率并不高，至少最近五年收益率不高。同时大家可以看红利ETF的收益率，会发现也不高。这可能意味着这几年行情的利好不在高股息股票上，但是这种偏好在美股上有显现，美股2020年涨得好主要是科技股，股息率一般都不高。

投资人也许更加关注公司未来能够带来多少收益，而不是现在和过去。

我原来对高股息养老股是非常看重的，而且笃定会涨。这是我五年前的想法，现在我越来越意识到股息并不靠谱。

为什么这么说？以中国农业银行为例：2015年最高价是3.25元，现在是3.20元。这是复权价，也就是计算进现金分红了，五年多几乎没有增值，短期内没什么，但是这么长时间段没有增值实际上是有问题的。有人说你不是收到分红了，怎么没用，但是从投资人的实际收益来看，几乎没有收益，相当于卖出了一部分股份。

如果投资沪深300，每年取出百分之五的份额，是不是也相当于获得百分之五的现金分红呢？好处是增值效果要比现金分红多的中国农业银行好多了。因此我思考选择养老股其实并不是选择高股息股票，更好的替代方案是：

（1）选择沪深300ETF

随着股市的持续发展，A股长期来看一定会越来越好。沪深300作为A股的代表，业绩和股价的发展也一定会越来越好，加之沪深300会动态调整成分股，实际上把沪深300作为养老股是更好的，对于需要的生活支出只需要卖出一部分份额就行了。

（2）选择中概互联ETF

投资要看未来而不是过去，方向很重要。中概互联重仓的腾讯等是国内最优秀、最有前景的公司。买入中概互联就意味着一揽子买入中国最优秀的互联网公司的股票，长期来看会越来越好，虽然没有那么高的股息，但是只需要每年卖出一定比例的份额作为现金股息就可以了。

（3）选择医疗ETF

由于人口老龄化等原因，医疗行业必定会成为发展最好的行业，实际上现在也是。投资医疗ETF虽然没有很高的现金分红，但是可以获得相当不错的增幅。

（4）消费ETF

消费行业是一条又宽又长的路，只要有人在消费就会不断产生，周期非常长，买入就不用太操心，特别适合老年时不愿意辛苦投资的人，需要的时候只要卖出一部分份额就可以了。

第十四章

选择成长型公司——东方财富

成长型公司一般存在于一个快速成长的行业，正是行业的高速增长带动了游泳者浮得更高，同时成长型公司在行业内往往不是领头羊，要么处于萌芽期，要么处于成长初期。

这样的公司将来成长的空间非常大，前景广阔，自然收益也会高得多，但是风险也是很大的。因为现在的行业龙头在发展过程中有相当大的运气成分，如果历史重新来过，那么这些公司也未必就会再次成长为行业龙头。例如东方财富在2015年收购西藏同信证券后，这个短暂的政策窗口很快就关闭了，导致东方财富成为目前A股唯一的互联网券商。这里是有运气成分的，而且当时是牛市顶点，东方财富用292倍市盈率收购西藏同信证券，也是占了大便宜的。

投资成长型公司收益往往是巨大的，但是风险也极大，本章就以东方财富为例介绍一下如何选择成长型公司。

第一节 行业前景

东方财富所属行业本质上来说是券商，券商内部竞争已经非常充分了，但是国内券商行业还有很大的发展前景。

衡量证券行业还有多大的发展前景有一个核心概念——证券化率。

证券化率指的是一国各类证券总市值与该国国内生产总值的比率（各类金融证券总市值与GDP总量的比值），实际计算中证券总市值通常用股票总市值+债券总市值+共同基金总市值等来代表。证券化率越高，意味着证券市场在国民经济中的地位越重要，因此它是衡量一国证券市场发展程度的重要指标。一国或地区的证券化率越高，意味着证券市场在该国或地区的经济体系中越重要。发达国家由于市场机制的倾向、证券市场历史较长、发展充分，证券化率整体上要高于发展中国家。

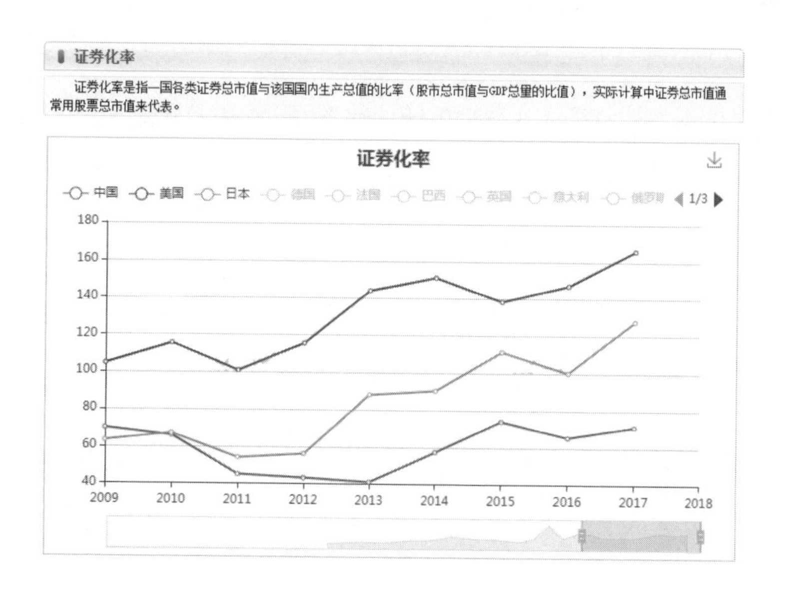

从上图的数据中可以非常明显地看出，发达国家的证券化率很高，而且呈现越来越高的趋势，这也是经济发展的表现。经济发展到一定程度，分工越来越细，民众参与投资的热情会越来越高，因为证券投资相对于其他各大类资产回报率是最高的。

其中美国证券化率最高，日本次之，这意味着我国证券行业发展前景是很广阔的，仍然有很大的提高空间。

中国证券市场作为一个新兴的高速成长的证券市场，在不长的时间里取得了举世瞩目的成就。上海证券交易所、深圳证券交易所的交易和结算网络覆盖全国各地。证券市场交易技术手段处于世界先进水平，法规体系逐步完善。全国统一的证券监管体系也已经建立。证券市场在促进改革、推动我国经济结构调整和技术进步方面发挥了突出的作用。

随着注册制的全面落实，A股证券化率的提高很可能会提前到来，这意味着国内证券行业很可能面临着更大的市场前景。

2020年我国GDP突破100万亿元，经济总量创历史新高，我国人均GDP连续两年超过1万美元，国家综合经济实力及居民财富不断增加，呈现健康成长态势。根据中国证券投资基金业协会的统计数据，截至2021年2月，我国境内共有基金管理人147家，基金数量8 202只，较2019年底净增加基金1 658只；管理公募基金规模21.78万亿元，较2019年底增长47.50%。截至2021年3月，私募基金数量102 852只，较2019年底净增加21 113只；管理私募基金规模17.22万亿元，较2019年底增长25.33%。

根据中国证券登记结算有限责任公司统计，截至2021年3月底投资者数量1.84亿。随着投资需求和投资者数量规模的不断增长，为财富管理行业发展打开了成长空间，行业发展前景十分广阔，如下表所示。

公募基金资产统计

类别	封闭式	开放式						合计
		股票基金	混合基金	货币市场基金	债券基金	QDII	开放式合计	
基金数量（只）	1 164	1 417	3 378	332	1 744	167	7 038	8 202
份额（亿份）	23 762.74	13 108.03	34.078.67	91 187.08	24 051.60	1 106.79	163 532.16	187 294.90
净值（亿元）	25 522.97	21 252.57	51 597.52	90 805.07	26 999.60	1 633.72	192 288.48	217 811.45

根据中国互联网络信息中心（CNNIC）发布的《第47次中国互联网络发展状况统计报告》显示，截至2020年12月，我国网民规模为9.89亿，互联网普及率达70.4%，较2020年3月提升了5.9个百分点。

截至2020年12月，我国手机网民规模达9.86亿，较2020年3月新增手机网民8 885万，网民中使用手机上网的比例高达99.7%。

2020年8月，中国证券业协会发布《关于推进证券行业数字化转型发展的研究报告》，鼓励证券公司在人工智能、区块链、云计算、大数据等领域加大投入，促进信息技术与证券业务深度融合，推动业务及管理模式数字化应用水平提升。近年来，随着人工智能、大数据、云计算、区块链等信息技术与金融业务的深度融合，不仅改变了人们的生活方式，同时也重塑了金融生态格局。特别是2020年以来，金融机构通过借助大数据、人工智能等一系列科技手段，为用户提供非接触式金融服务，进一步加快了在线金融的快速发展。

券商行业和互联网联合产生的融合效应很可能会产生更快的增长，因此券商行业仍然有很大的发展前景。

证券市场前景光明并不是说所有证券公司都会腾飞，恰恰相反，随着市场开放度的进一步提高，缺乏竞争力的小券商很可能面临被淘汰或者被兼并的境地，市场马太效应会继续增大。那些优秀的、有创新能力的公司会成为证券行业的佼佼者，身处证券行业的东方财富有互联网的加持，腾飞自然是指日可待。加之国家及居民财富的持续增长，行业发展空间十分广阔。

第二节　行业地位

东方财富的名字很豪气，东方财富董事长其实的名字也很有魅力，其实原名沈军，1970年生于上海，上海作为最先试行证券改革的地方，出来一大批证券方面的知名人物，其实就是其中一位。

其实毕业于上海交大，学霸出身，战略眼光高瞻远瞩，可以说东方财富后来的每次转型都有董事长其实的关键决断，更厉害的是前瞻眼光，令人叹服。

东方财富第一个战略举措是创立了东方财富网。

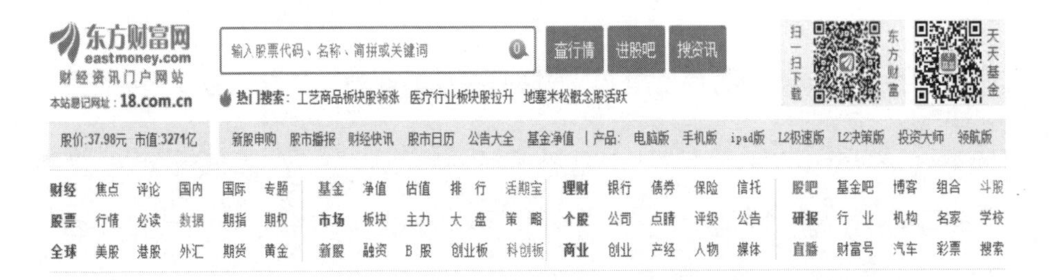

东方财富创立的前几年，收入主要来自广告和金融软件服务两大板块。生长在周期性的金融行业中，公司在牛市中业绩弹性大的基因是命中注定的：

2007年，借助那波奥运前大牛市的东风，东财营收暴增，达6735万元，净利3487万元。要知道2006年，公司的总营收还只有400多万元。在那年牛市，东方财富的净利润增长令人目瞪口呆，达到3000%。

有人可能会说这是偶然吧。当时创立互联网公司的多如牛毛，这并不是没有道理的，但是后面东方财富的几个战略性转折让人叹为观止。这种战略性眼光绝不是依靠运气偶然得来的，而是沈军洞察到了市场的未来，提前战略布局。

东方财富创立后第二个关键战略举措：东方财富在A股上市。

东方财富(SZ:300059) 深股通 可融资 可卖空 ··· ✓已添加

¥37.98 +2.63 +7.44%

68.10 万球友关注
未开盘 05-25 15:34:03 北京时间

东财转3：147.000 +7 +5%

最高：38.29	今开：35.40	涨停：42.42	成交量：368.10万手
最低：35.34	昨收：35.35	跌停：28.28	成交额：137.44亿
换手：5.16%	盘后量：201手	量比：1.62	总市值：3271.27亿
振幅：8.35%	盘后额：76.34万	委比：-18.95%	流通值：2708.81亿
市盈率(动)：42.81	市盈率(TTM)：56.26	每股收益：0.68	股息(TTM)：0.06
市盈率(静)：68.46	市净率：11.20	每股净资产：3.39	股息率(TTM)：0.16%
总股本：86.13亿	52周最高：40.57	质押率：3.68%	盈利情况：已盈利
流通股：71.32亿	52周最低：14.04	商誉/净资产：8.40%	注册制：否
投票权：无差异	VIE结构：否	货币单位：CNY	

2007年，东方财富开始各种资本运作，包括增资和转股，董事长其实通过稀释股权的方式，拉进来有价值的天使投资人、公司高管、券商、直投等，里面包括国内早期投资界的大佬——熊向东。

正是这批盟友的存在，让东方财富在资本之路上进入了高速发展路段，成立短短数年，就成功于2010年在创业板上市。

这步运作成为东方财富发展历史上至关重要的一步，堪称经典转折之战。

上市过程中的惊心动魄我们不得而知，但是可想而知，其中必然面临着种种困难，沈军持股比例大大下降，这里面一定有沈军的大胆让利联合了一大批盟友，沈军克服了种种困难，成功在A股上市。

A股上市这一步让东方财富插上了腾飞的翅膀。如果没有A股上市，后面的基金销售和收购券商业务都会流于空谈。

东方财富质变的第三步：基金销售。

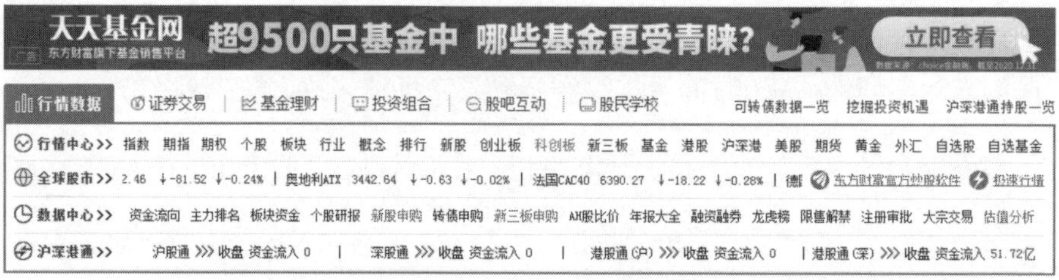

2012年，银行进入代销基金行业，成为绝对霸主，东方财富正是在这样一个银行独霸天下的时刻毅然杀入基金代销行业，搅动了基金代销的江湖。

国家金融行业逐步开放，当年二月份，东方财富获得基金销售牌照，这是一个相当关键的转型步骤，可以说开了互联网先河。

天天基金网在东方财富倾力浇灌下，依靠互联网海量客户优势，凭借服务好、品种全、优惠力度大、购买便捷等优势深受客户欢迎，快速成为东方财富的核心板块。

两年后的2014年，东方财富的基金代销营收3.7亿元，基金销售成为总营收的主力军，占比高达60%以上，盖过了其他所有板块，从此之后，金融数据服务和广告开始成为东方财富的软实力，占比越来越小，到现在基本已经可以忽略不计了。

我现在都还记得当时一到牛市，银行门外就排起了长队，大家一起到银行买基金，但是东方财富获得基金销售牌照后撕开了基金销售这个口子，从此一发不可收拾，快速成长起来。

假如东方财富仅仅止步于此，也就是只做基金销售，虽然能够过几年好日子，但是过了2015年那一个绝佳的时刻，那么东方财富恐怕会慢慢被市场边缘化，很可能只能走现在同花顺的老路，被迫绑定券商，给券商打工，同时收一份过路费和广告费。

可是要知道现在的券商竞争激烈，手续费一降再降，已经是一片红海，经常非常惨烈，很多传统券商的日子非常难过。

一个成长型公司之所以能够走过每个困难的关卡，总是因为有绝佳的机遇和拥有战略前瞻眼光的管理层，在2015年那个短暂的时间窗口，东方财富牢牢抓住了时代给予公司的机遇。

东方财富第四次战略决策：收购西藏同信证券。

2015年，东方财富发展历史上绝佳的一次战略转型的机会来临了，这是东方财富第四次战略转折，第一次是创立东方财富网，第二次是IPO上市，第三次是获得基金代销牌照，2015年是第四次，这次让东方财富成为区别于同花顺、大智慧和其他传统券商的A股唯一互联网券商。

2015年大牛市前的熊市，东方财富因为业务特点（当时的基金代销高度依赖市场活跃度）遭遇戴维斯双杀，几乎所有业务都是亏损，只有个别金融服务业务略微有些盈利，堪称惨淡无比。

经过这次劫难，东方财富开始专注证券和基金业务，砍掉了很多非主线业务，在大牛市到来之前瘦身成功，蓄势待发。

牛市来临前是最黑暗的时候，但是距离太阳升起已经很近了。

2015年大牛市中，东方财富断然出手，收购了小而美的西藏通信证券，两者的结合可谓天作之合，从此东方财富成为A股券商中最独特的存在，同时也是互联网公司中最独特的存在之一，当券商插上了互联网的翅膀，当互联网拥有了券商牌照，海量的客户加上方便快捷的开户条件以及全牌照政策优势，东方财富终于再次起飞。

一波波澜壮阔的大涨扑面而来。

2015年东财并购同信证券时，它的证券经纪业务市占率只有0.27%，到2020年二季度，经纪业务在整个券商中已超3%。

这次短暂的政策窗口很快就关闭了，A股唯一抓住机会的就是东方财富了，不过当时东方财富也是付出了很大代价，舍得出钱，在关键时候知道哪头轻哪头重，这本身就说明了东方财富管理层的战略决断能力。

收购西藏同信证券后，东方财富成了A股一个独特的存在：一方面是互联网公司，销售能力超强，随着时间的推移，网站和移动端都在快速发展，尤其是移动端空前繁荣；另一方面东方财富获得了券商牌照，拥有传统券商政策优势。

这两个特点的结合使得东方财富再次腾飞，彻底甩开了同花顺和大智慧等互联网竞争对手，同时也在销售能力上远远领先传统券商，这是目前东方财富的核心竞争力。

第三节　成长速度

东方财富在完成四大战略转型后，目前仍然保持高速增长趋势：

	2019 年	2018 年	本年比上年增减	2017 年
营业总收入（元）	4,231,678,035.56	3,123,446,007.42	35.48%	2,546,785,181.27
归属于上市公司股东的净利润（元）	1,831,288,851.32	958,695,412.88	91.02%	636,901,644.02
归属于上市公司股东的扣除非经常性	1,784,769,602.57	947,158,427.47	88.43%	615,551,716.48
经营活动产生的现金流量净额（元）	11,721,170,510.66	2,667,344,992.33	339.43%	-6,159,926,185.78
基本每股收益（元 / 股）	0.2776	0.1549	79.21%	0.1033
稀释每股收益（元 / 股）	0.2776	0.1549	79.21%	0.1033
加权平均净资产收益率	9.49%	6.32%	3.17%	4.86%
	2019 年末	2018 年末	本年末比上年末增减	2017 年末
资产总额（元）	61,831,410,991.21	39,810,961,690.72	55.31%	41,844,755,125.95
归属于上市公司股东的净资产（元）	21,212,489,255.40	15,695,239,474.55	35.15%	14,677,866.903.90

2019年报显示，公司净利润接近翻倍。

东方财富于2021年1月22日晚间发布2020年业绩预告，预告显示，公司预计实现归属于上市公司股东净利润为45亿元~49亿元，同比增长145.73%~167.57%，基本每股收益为0.5451元/股~0.5935元/股，业绩超出预期。此前公司发布了子公司东方财富证券2020年未经审计财务报表，实现总营业收入45.95亿元，同比增长77.12%；实现净利润28.94亿元，同比增长104.14%。

1. 手续费

三个板块都有突飞猛进，手续费收入为29.93亿元，同比增长76.04%。在2019年2.84%的市占率的基础上，2020Q3市占率达到3.22%。

2. 两融业务

2020年东财证券公司利息净收入为12.6亿元，同比增长87.93%；融出资金为296.91亿元，同比增长86.53%，两融业务规模上升。市场占有率从2019年的

1.56%提升到1.83%，目前已处于行业前20名位置。

随着短债58亿元和可转债158亿元的加入，公司两融业务规模扩大到原来的两倍左右。

3. 基金代销

2020年估计至少有15亿元的基金销售收益，而2019年全年净利润才17亿元，只是基金收益就基本达到了2019年全年三个板块的收益，可以说是狂飙突进了。

4. 成本

公司互联网经纪业务具有较低的边际成本，且随着公司经纪业务及基金销售业务规模的扩大，边际成本递减。

	2020 年	2019 年	本年比上年增减	2018 年
营业总收入（元）	8,238,557,108.92	4,231,678,035.56	94 69%	958 ,695,412.88
归属于上市公司股东的净利润（元）	4,778,104,850.74	1,831,288,851.32	160.91% I	958 ,695,412.88
归属于上市公司股东的扣除非经常性归属于上市公司股东的扣除非经常性	4,711,370,113.92	1,784,769,602.57	163.98%	947, 158,427.47
经营活动产生的现金流量净额（元）	4,529,026,641.46	11,721,170,510.66	−61.36%	2,667,344992.33
基本每股收益（元 / 股）	0.5788	0.2313	150.24% I	0.1291
稀释每股收益（元 / 股）	稀释每股收益（元 / 股）	0.2313	150 24%	0.1291
基本每股收益（元 / 股）	11,721,170,510.66	0.2313	150.24% I	0.1291
加权平均净资产收益率	17.89%	9.49%	8.40%	6.32%
	2020 年末	2019 年末	本年末比上年末增减	2018 年末
资产总额（元）	110,328,735,766.33	61,831,410,99121	78.43%	39,810,961,690.72
归属于上市公司股东的净资产（元）	33,156,467,221.25	33,156,467,221.25	56.31%	15,695,239,474.55

2020年报显示，公司业绩继续大幅增长，净利润增长1.6倍，可谓是石破天惊。

证券业务收入同比大增，经纪、两融市占率稳步提升。2020年，公司证券业务实现营业收入49.82亿元，同比增长81.11%，其中手续费及佣金净收入34.50亿元，同比增长77.86%，利息净收入计15.36亿元，同比增长88.75%。2016年至2020年东方财富经纪业务、两融业务市占率稳步增长，截至2020年末公司经纪业务市占率达3.32%，两融业务市占率达1.86%。

基金代销规模及收入翻倍，增长趋势有望延续。2020年公司基金销售收入为29.62亿元，同比增长140%，东财基金代销规模大幅提升，2020年累计基金销售额达1.3万亿元，同比增长96.96%，天天基金网日均活跃访问用户达236万人，同比增长91%。2021Q1基金市场热度未减，一季度新发公募基金1.03万亿份，同比增长121%，其中权益类基金发行9073亿份，同比+151.7%，占比提升至88%，公司基金代销业务增长趋势有望延续。

公司加大研发投入力度，金融数据与互联网广告服务同比增长约20%。2020年公司研发支出为3.78亿元，同比增长24%，占总营收的4.59%。研发人员数量为1823人，同比增长5.61%，占总员工比重为37%。2020年公司实现金融数据服务收入1.87亿元，同比增长19.14%，占总收入比重2.28%，较2019年减少1.45个百分点；实现互联网广告服务收入1.06亿元，同比增长21.52%，占总营收比重1.29%，较2019年下降0.78个百分点。

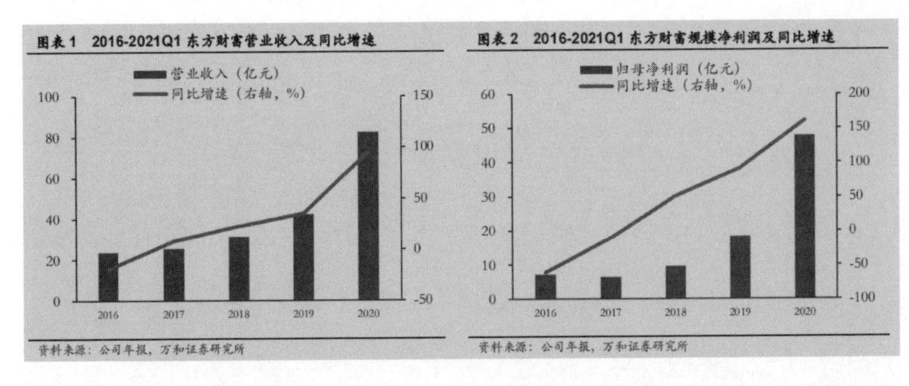

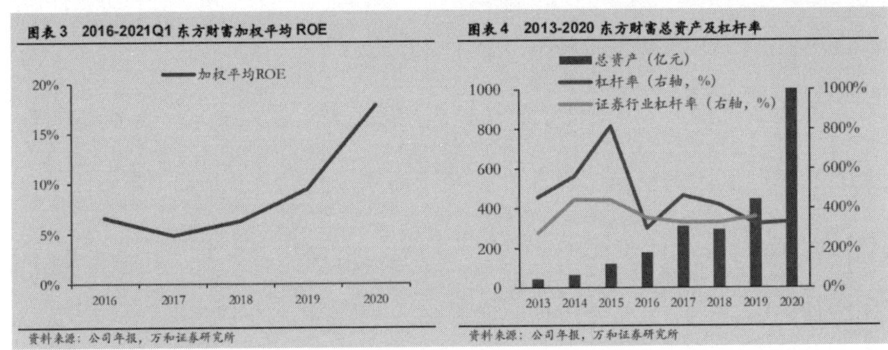

上面4个图表是2015年东方财富收购西藏同信证券后的表现，首先是营收增速呈现指数型增长，其次是净利润增速明显高于营收增速，也就是公司赚钱能力越来越高；再次看最能代表公司赚钱能力的净资产收益率（ROE），在2016—2017略有下降后，一飞冲天，也是呈现指数型增长趋势，这是成长股的标准图形；最后是公司总资产增长不到十年增长了十倍，杠杆率明显越来越低，从2019年开始低于整个证券行业的杠杆率。

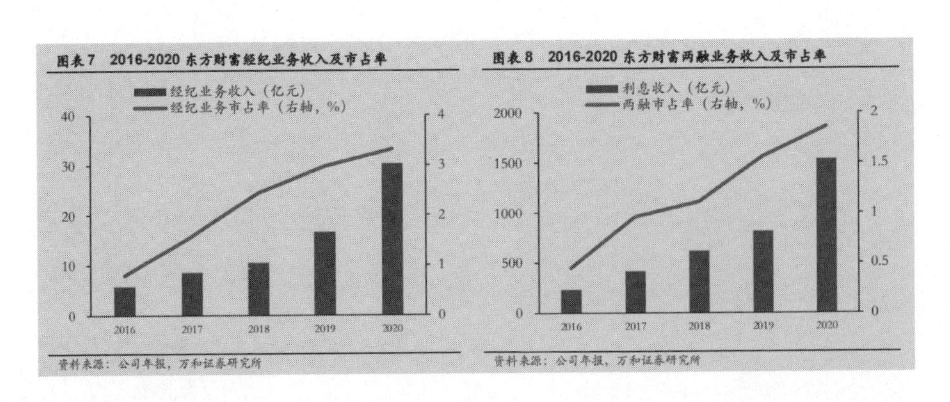

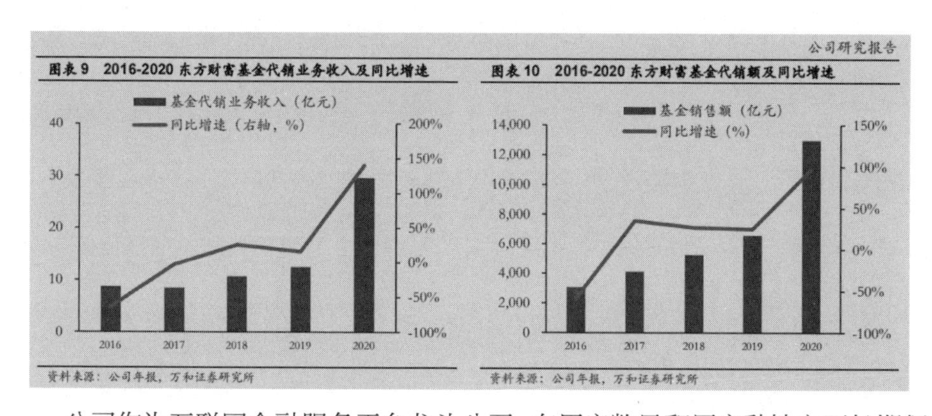

公司作为互联网金融服务平台龙头公司，在用户数量和用户黏性方面长期保持竞争优势，形成公司的核心竞争力。证券业务方面：一方面，随着天天基金、东方财富网等互联网平台流量持续变现，未来公司股基及两融市场份额有望持续提升；另一方面，我们继续看好在公司重资产业务规模扩张下2021年自营与资本中介业务的快速增长。同时，在市场机构化提速、基金发行规模持续扩大的背景下，公司天天基金网基金销售额有望持续提升，且在流量持续变现基础上市场份额有望进一步扩张。值得关注的是，公司经纪业务与基金销售业务均具备高弹性且两者相互促进、共同发展。且公司成本方面优势明显，公司互联网经纪业务具有较低的边际成本，且随着公司经纪业务及基金销售业务规模的进一步扩大，边际成本有望延续递减的趋势。

证券业务收入快速增长，是公司第一大营收来源。

公司进一步发挥互联网财富管理生态圈和海量用户的核心竞争优势及整体协同效应，加强研发技术投入，提升智能化、个性化服务，实现线上线下一体化的财富管理模式，为用户提供稳定高效优质服务。2020年资本市场景气度活跃，股票交易额同比大幅增加，公司证券业务实现快速发展，全年实现收入49.82亿元，同比增长81.11%。

推进业务创新和差异化发展，互联网基金销售业务实现较快增长。

天天基金推进业务创新和差异化发展，深入开展专业化、个性化服务，加强产品交易功能提升及交易体验优化，进一步提升一站式线上自助理财服务能力，用户体验得到了进一步提升。截至2020年末，公司共上线142家公募基金管理人、9535只基金产品。天天基金全年共计实现基金认（申）购及定期定额申购交易200 064 237笔，基金销售额为12 978.09亿元，其中非货币型基金共计实现认/申购（含定投）交易1.64亿笔，销售额为6 990.72亿元。天天基金服务平台日均活跃访问用户数为236.05万，其中，交易日日均活跃访问用户数为295.81万，非交易日日均活跃访问用户数为117.99万。

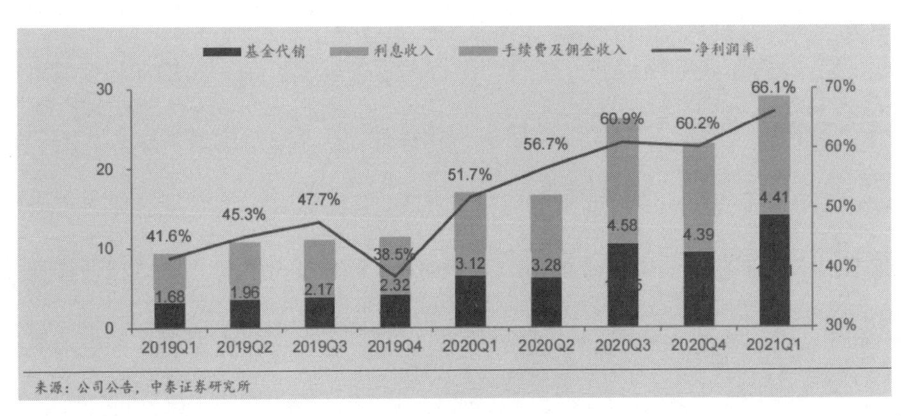

来源：公司公告，中泰证券研究所

东方财富十年业绩增长了一百倍，而股价回报也是一百倍，2013年东方财富股价开盘价（复权）0.5元，而到了2021年股价涨到了40元，这就是优质成长股的魅力。

东方财富可以说是券商行业的东方明珠，公司名称名副其实。

第四节　东方财富的优势与劣势

东方财富管理层有很高的战略眼光，从股评家到互联网，从互联网到基金代销，从基金代销到A股上市，从A股上市到收购券商，成为除银行牌照外的金融全牌照公司，每一步的战略转型是提前市场做到的，里面既有时代给予的宝贵机遇，也有东方财富管理层的前瞻眼光和战略决策。

报告期内，公司主要业务有证券业务、金融电子商务服务业务、金融数据服务业务及互联网广告服务业务等。主要业务的服务内容：

证券业务：主要依托构建的互联网财富管理生态圈，通过拥有相关业务牌照的东方财富证券、东方财富期货、东财国际证券等公司，为海量用户提供证券、期货经纪等服务。

金融电子商务服务业务：主要通过天天基金，为用户提供基金第三方销售服务。天天基金依托以“东方财富网”为核心的互联网财富管理生态圈积累的海量用户资源和良好的品牌形象，向用户提供一站式互联网自助基金交易服务。

金融数据服务业务：主要以金融数据终端为载体，通过PC端、移动端，向海量用户提供专业化金融数据服务。

互联网广告服务业务：主要为客户在“东方财富网”及各专业频道、互动社区等页面上通过文字链、图片、富媒体等表现形式，提供互联网广告服务。

东方财富的竞争优势，主要有如下几点：

1. 用户资源优势

经过多年的发展，公司构建以“东方财富网”为核心的互联网财富管理生态圈聚集了海量用户资源和用户黏性优势，在垂直财经领域始终保持绝对领先地位。同时，公司积极推进一站式互联网财富管理战略，不断加强战略投入，延伸和完善服务链条，持续拓展服务范围，提升整体服务能力和质量，进一步巩固和提升访问量指标和用户黏性方面的优势，以“东方财富网”为核心的互联网财富管理生态圈所集聚的庞大的用户访问量和领先的用户黏性，形成了本公司核心的竞争优势，为公司持续健康发展奠定了坚实基础。

2. 品牌价值优势

公司依托于“东方财富网”树立的品牌知名度和投资者认可度，形成了强大的品牌优势，公司持续加强品牌推广与宣传力度，品牌影响力和知名度得到了进一步提升，公司所形成的市场认可的品牌优势，进一步提升了公司的知名度和影响力，对公司各项业务的开展都将起到积极的促进作用。

3. 营销渠道优势

互联网营销渠道不受地域、空间、时间的限制，可以提供全天候不间断的网上信息发布、网上产品展示、互动交流的平台，用户覆盖区域广，营销渠道价值与网站用户数量和用户访问量成正比。公司构建以“东方财富网”为核心的互联网财富管理生态圈，拥有明显的互联网营销渠道优势。

4. 管理团队优势

公司积极推行“以人为本”的人才战略，通过内部培养和外部引进，不断扩充和培养骨干队伍，形成了以创业团队为核心，以资深经理人为骨干的管理团队，主要管理人员具有丰富的管理经验、互联网技术开发经验、金融研究工作经验和市场营销经验，对互联网服务行业的相关技术、发展历程及未来趋势具有深刻理解。同时，公司不断完善考核激励制度，先后推出两期股权激励计划，激励和稳定核心团队。

5. 研发技术优势

通过多年运营管理和研发，公司培养了一支人员稳定、技术领先的研发团队，自主研发了一系列的网络核心技术，不断优化和完善现有互联网财富管理生态圈系统，同时，对互联网领域的新技术和行业前瞻性技术进行深入研究和跟踪，强大的技术研发力量和核心技术储备为公司后续持续发展奠定了坚实的技术基础。

	营业总收入	营业成本	营业成本占总成本的百分比	营业总收入比上年同期增减	营业成本比上年同期增减	毛利率比上年同期增减
分行业						
证券业	4,981,829,455.73			81.11%		
信息技术服务业	3,236,067,391.19	562,304,579.53	82.62%	118.51%	43.83%	9.02%
分服务						
证券服务	4,981,829,455.73			81.11%		
金融电子商务服务	2,962,428,571.69	245,879,992.42	91.70%	139.74%	132.72%	0.25%

（2020年报东方财富的毛利率高得吓人，比茅台的毛利率还高）

东方财富现在面临一个多年后的巨大危机，那就是券商互联网化。

有些传统券商的第三大股东已经是阿里巴巴了，这种转变我估计是必然的，也就是未来券商终究全部互联网化。

手续费也终将消失不见，券商的竞争互联网化后，手续费方面将成为一片红海。

东方财富面临的重要选择方向有两个：

证券国际化。富途和老虎的成功已经是先例，东方财富在国际证券方面可以有更大的进步。

财富管理平台。本质是将财富管理分割后通过互联网零售给个人，一方面需要财富产品的广度，另一方面需要产品的深度。公司公募牌照等努力实际上都是在追求将传统券商的优势转移到互联网公司上。

这两年是东方财富的关键转型期，值得持续跟踪。

基金利息两融齐飞，东方财富一飞冲天。

2020年东方财富业绩本来就逆天了，爆炸式增长。

2021年第一季度大盘的表现并不好，沪深成交量也是不断萎缩，我本来预计三大主要业务都会大幅降低，最好就是保持稳定，想不到居然都是大幅增长。

首先，基金销售。

2021年一季度基金抱团股大幅下跌，基金销售进入冰冻期，但是东方财富居然在这种恶劣的外界环境下，仍然保持了大幅增长，增长速度令人惊叹。

当初对2020年业绩给出的看空理由是东方财富的基金销售无法维持2020年的高增长，但是想不到的是2021年第一季度东方财富给出了一个令人惊讶的好业绩。

基金销售收入居然超过了手续费收入。

最开始东方财富的基金销售占比最大，后来手续费逆袭，现在再次逆转，东方财富基金销售大幅增长，即使加上两融业务，基金销售业占据了总收入的半壁江山。

其次，手续费。

2021年第一季度大盘大幅下跌，沪深成交量大幅萎缩，东方财富按说无法独善其身，但是令人想不到的是东方财富居然仍然维持高增长。

这说明东方财富对投资者的吸引力很大，从某种意义上说东方财富的市场份额增大了。

最后，两融业务。

两融业务的利息收入大幅增长，想不到两融业务有一天增长到接近手续费百分之四十的规模，要知道这还不算2021年发行的可转债3。

现在加入了可转债3，东方财富两融业务可谓是如虎添翼。

总体来说，2021第一季度，东方财富净利润增长一倍多，ROE接近6%，这还是在沪深两市表现不好的前提下出来的业绩，我个人对东方财富2021全年的表现继续保持乐观态度，我们拭目以待。

东方财富的优势：

2020年报业绩是明牌了，确定好，而且2021年以来的涨幅全部磨平了，没有体现2020年的业绩；

2021年第一季度业绩也会很好，基金业绩不知道怎么样，但是经纪业务一定会很不错，成交量经常过万亿；

自身基本面优势仍然是唯一的互联网券商，两融业务和公募基金都在发力，两融业务大爆发是大概率的，估计能够增加利润4亿~6亿元；

未来预期也很好，我国证券化率会越来越高，储蓄大搬家是大势所趋，作为唯一的互联网券商东方财富业绩只能越来越好。

东方财富的劣势：

估值一直不算低，市盈率一直很高；如果2021年股价不涨，那么市盈率很可能降低到60以下，但是这种可能性很小，除非熊市确实来了；

目前大盘大市值向小市值转换的可能性很大，高估值挤水分的趋势已经形成；

未来基金销售不知道是不是可以持续；

一旦确定在未来几年后进入熊市，那么券商大概率会进入谷底，腰斩只是起步价。

第五节　东方财富各项业务的市场份额

未来一段时间我可能会继续集中投资东方财富，可能会把盈利很好的纸业也转移到东方财富，甚至包括宁波银行的资金，有可能真正做到只持仓一只股票——东方财富。

这是由东方财富的券商周期性和成长性共同确定的，我当时预计2021年第一季度是46元，第二季度是56元，第三节度是66元，年底是88元。

不知道大家注意到一个表象没有，东方财富年扣非净利润的数字和股价有相同之处，可能是巧合，也可能有某种相关关系。

2019年扣非净利润是17亿元，当年股价也就是在这个价格以下波动；2020年全年扣非净利润是44亿~48亿元，当年股价就是在40元之下波动；2021年披露2020年业绩期间，股价是在35~41元波动，也符合这个现象。

当然我估算第一季度是46元并不是根据这个巧合，而是根据业绩增速计算出来的。

最后总结一下东方财富的市场占有率：

证券手续费：截至2020年9月末公司经纪业务市场份额达到3.18%。

两融业务利息：截至2020年9月末公司两融业务市场份额达到1.62%。

基金代销：截至2020年末，全市场公募基金发行份额3.3万亿份，同比增长94.13%。东方财富2020每年基金业务还没有披露，但是我估算了一下，高得吓人。

2020年公司预计实现归母净利润45亿~49亿元，同比增长145.73%~167.57%；

扣非净利润44亿~48亿元，同比增长146.53%~168.94%；EPS 0.55元/股~0.59元/股。

我预估2020年扣非净利润是44亿元，正好是实际扣非净利润的下线，还是不错的。

东方财富的股价有基本面的强力支撑。

东方财富于1月22日晚间发布2020年业绩预告，预告显示，公司预计实现归属于上市公司股东净利润为45亿元~49亿元，同比增长145.73%~167.57%，基本每股收益为0.5451元/股~0.5935元/股，业绩超出预期。此前公司发布了子公司东方财富证券2020年未经审计财务报表，实现总营业收入45.95亿元，同比增长77.12%；实现净利润28.94亿元，同比增长104.14%。

1. 手续费

三个板块都有突飞猛进，手续费收入为29.93亿元，同比增长76.04%，在2019年2.84%的市占率的基础上，2020Q3市占率达到3.22%。

2. 两融业务

2020年东财证券公司利息净收入为12.6亿元，同比增长87.93%；融出资金为296.91亿元，同比增长86.53%，两融业务规模上升。市场占有率从2019年的1.56%提升到1.83%，目前已处于行业前20名位置。

随着短债58亿元和可转债158亿元的加入，公司两融业务规模扩大到原来的两倍左右。

3. 基金代销

2020年估计至少有15亿元的基金销售收益，而2019年全年净利润才17亿元，只是基金收益就基本达到了2019年全年三个板块的收益，可以说是狂飙突进了。

4. 成本

公司互联网经纪业务具有较低的边际成本，且随着公司经纪业务及基金销售业务规模的扩大，边际成本递减。

东方财富最近几年股价飞速上涨是有基本面支撑的，2021年的业绩仍然会非常亮眼。

我要做的是专心研究数学教育和东方财富，只是持有就可以了，因为优秀的公司是很少的，拿到了就是福气，买入后持有就是最好的方法，而且可以大量减少摩擦成本。

如何才能做到不为股价所动——东方财富的前景良好。

东方财富是不是未来越来越好的公司呢？

东方财富由于有券商牌照，同时又是互联网公司，这就导致东方财富没有传统券商的引流成本，且引流速度非常快，有类似于货币的倍增效应，同时又比互联网公司多了两条转化渠道：天天基金和东方财富证券业务。

东方财富的未来不是财富管理平台。东方财富提供舞台，基金、证券、数据、财经、社交纷纷登台，类似于腾讯建立的游戏平台，也相当于手机应用市场，提供舞台，有全牌照政策支持，各种理财产品“争奇斗艳”。

东方财富还很年轻。自从2015年拥有券商牌照后，公司从互联网公司升级为A股唯一的互联网券商，天天基金、东方财富证券、期货、港股券商等，更重要的是东方财富还很年轻，仍然处于高速发展期。东方财富未来不但可能超越中信证券等传统券商龙头，而且可能成为类似于中国平安、腾讯、阿里巴巴这样的平台公司，成为财富管理平台。

东方财富处在中国财富管理的一个关键转折期。从发达国家的财富管理历史规律来看，房产、金银、矿产都不是最有价值的资产，最有价值的资产是优质股权，类似挪威这样的主权管理基金已经成为发达国家管理财富的主要手段，未来国内证券化程度逐渐提高是必然的，实际上这个提高的过程就是慢牛的形成过程，也是东方财富继续上涨的根本依据。

东方财富在移动互联网时代占据有利地位。2020年12月东方财富网App的安装设备台数继续提升至4407万台，2021年仍会继续高速增长。

投资不需要过度探究细节，应该着眼的是未来越来越好，而不是仅仅盯着细节，因为有些细节只是随机波动造成的，没有什么特别的原因。

例如，用户数量在天与天之间的比较就没有什么太高的价值。

另外，股价波动是很正常的，东方财富跟随指数很明显，我测算东方财富涨幅大概是指数涨幅的四倍左右，而短期指数波动很多都是随机的，根本不足为凭，因此东方财富短期波动是正常，不用过度担忧，要着眼长期去看，这样就能做到不为股价所动了。

不为股价所动也可以物理隔绝，也就是短期远离市场，不要被股价的激烈波动所动摇的最好方法是不去反复看。

东方财富开年以来，每天都在创下新高之中，上面没有任何套牢盘，每天进来的都是新生力量，可以说生机勃勃，冲劲十足，真是大盘牛市急先锋，涨起来像是不要命的样子。

东方财富的弱点是熊市，熊市不管是什么券商都要打折的，这不像宁波银行。宁波银行虽然相对于东方财富来说爆发差了点，但是在银行里面也是横着走的，成长性好、稳定性高、盈利能力强。宁波银行即使在2018年这样的年份也能坚持自己的特立独行，居然只下跌了6个点，要知道银行里面最牛的招商银行还下跌了

10个点，银行里面最便宜的兴业银行也下跌了10个点，但是宁波银行危急时刻显英雄，居然只是下跌了6个点。

一到好的年景，例如2019年，宁波银行立显峥嵘，全年上涨77%，这是很多人想不到的，银行也能一年涨77%？但这就是事实，没办法。

东方财富牛市最牛这是毫无疑问的，但是牛市后面的一年往往有点儿惨，例如2014年涨幅是232%，2015年是161%，但是在2016年是-41%，接近腰斩，2017年又下降了8个点，不过到2018年就开始猛涨，涨幅是12%，2019年56%，2020年136%，你看出来没有？东方财富就类似于精力充沛的小伙子，冲起来不要命，但是一旦出现挫败就会兵败如山倒，完全在看大盘的脸色。

因此，投资东方财富就是投资牛市的存在。

只要是市场一直在慢牛，始终持有东方财富就不用害怕，但是抽身是很难的，谁也不知道什么时候牛市就结束了，最近两年结束的概率几乎为零，但是后面呢？这就需要一个判断和决断。

有一点是没有问题的，那就是宁波银行作为防守和进攻都具备的选手，始终把宁波银行作为核心根据地是没错的，即使在大熊市2018年宁波银行都有非常好的成绩，宁波银行作为大本营是靠谱的。

东方财富反过来也是牛市的信号灯，东方财富只要一直不断创下新高，那么大盘慢牛就没有什么好担忧的。

因此，这两年我主要目标就是收集宁波银行和东方财富的筹码，便宜了就买入，贵了也不卖，就是买买买，买入资金来自其他投资品种，例如2021年的种子、纸业、光伏、风电、芯片等。

第六节　如何估值

东方财富的估值既不能和传统券商一样，也不能和互联网一样。

传统券商缺少东方财富的互联网引流窗口，不要小看这个窗口，东方财富、股吧、天天基金三个窗口解决很多人的寻找成本，而且这样的人群非常庞大，因此传统券商的估值我认为PB是一个不错的指标，但是东方财富的无形财富却是主要的。

东方财富也不能用互联网公司估值，东方财富巩固下来的客户不是其他互联网公司所能比拟的，黏性非常大，因为东方财富进来的客户一旦开始开证券或基金，就会粘上，而且转移成本挺大的。

东方财富用市盈率更不靠谱，因为东方财富在牛市氛围中业绩会一年翻几倍都是有可能的，市盈率可能一年就下降一半，从业绩角度来看，市盈率还不如市净率靠谱。

我个人认为不管是市盈率、市净率还是净资产收益率对东方财富来说都是没有直接估值作用的。

当然下面只是我的投资思考，请勿作为投资建议。

我认为东方财富适合与大盘的趋势相结合估值，因此就有了短期估值、中期估值和长期估值三种情况：

1. 短期估值

所谓短期，就是一个季度的时间长度。下面是上证指数日线图：

两者高度相似，上证指数和东方财富的相似比大概是1∶4，也就是当大盘上涨1个点的时候，东方财富随之可能上涨4个点；大盘下跌1个点的时候，东方财富随之下跌4个点。历史规律大致如此，请注意并不是绝对的，只能说是大概率的。

下面是东方财富日线图：

因此，从短期看，东方财富的股价变化应该去看大盘指数，大盘当时的点位是将近3400点，当时估计未来三个月上升到3500点是大概率的。东方财富现价是27元，那么未来三个月东方财富的股价上涨到31~32元是合理的。

2. 中期估值

下面是大盘周线图：

下面是东方财富周线图：

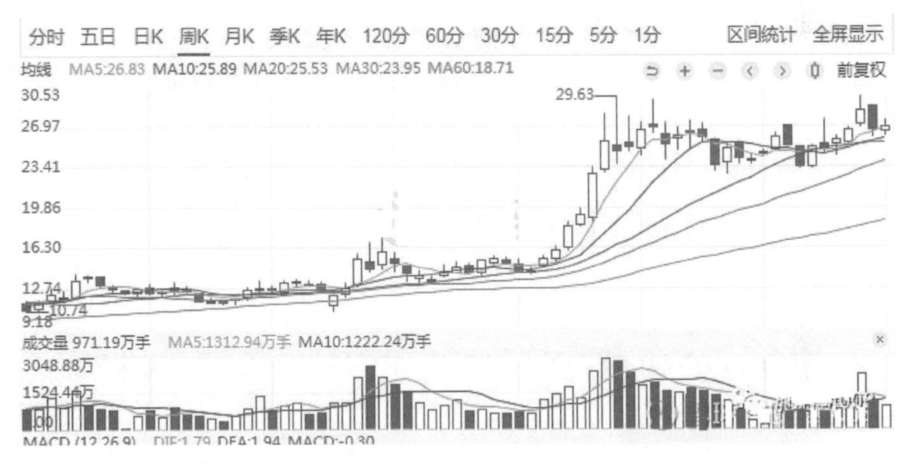

大盘在2020年7月两周上涨了13个点，同期东方财富从18涨到了28。

如果未来半年大盘上涨到3600点，那么东方财富从现在的27元涨到33元是大概率的。

3. 长期估值

慢牛下的大盘如果在两年内涨到5000点，那么东方财富股价从27元涨到77元是很有可能的，这建立在大盘能够在两年内涨到5000点的前提下。

当然以上估值都存在熊市来临、东方财富下跌幅度是大盘四倍的可能。

从基本面来说，东方财富用PB估值要比PE和ROE估值合理得多，但是PB没有考虑东方财富的互联网券商跟随大盘的属性。

东方财富是A股唯一一家互联网券商，有独特的竞争优势，下面主要列举一下东方财富的四大亮点：

（1）互联网优势

流量三大入口：东方财富、天天基金、股吧。

东方财富互联网优势非常明显，传统券商目前短期内根本追不上。

获取客户的成本非常低，边际成本远远小于传统券商，公司Q3总成本7.84亿元，环比仅增长15.87%，其中销售费用、管理费用及研发费用分别增长4.82%、16.78%、29.35%。

（2）两融业务大幅增长

公司两融业务渗透率大幅提升；截至2020年9月底，公司融出资金规模297亿元，较2020年6月底增长101亿元，增幅51.5%，大幅高出行业增幅。

两融业务在熊市有一定的风险，但是在现在慢牛的环境下，收益是相对稳定、安全的。

（3）券商优势，牛市急先锋

市场活跃度大幅提升，行业基本面向好。2020年Q3两市总成交量环比增长78.39%；两融余额环比增长26.5%。

基金代销依旧火爆。公司2020年Q3单季度金融电子商务服务业务实现收入10.45亿元，环比增长69.22%。

（4）发行可转债

弥补东方财富资本实力不够的薄弱点，公司公告拟发行可转债募资不超过

158亿元，其中接近90%用于信用交易业务，扩大融资融券业务规模。公司前两次可转债均已成功转股，对公司资本实力提升大有助益。

综上可知，东方财富在互联网方面比其他券商都有优势，此为地利；在券商方面又弥补了自身资本不够雄厚的缺点，此为人和；2019年、2020年到未来两年，A股恰逢慢牛，此为天时。天时地利人和都具备了，东方财富会在未来两年越飞越高。

东方财富两融业务牛市加杠杆，公司2020年前三季度实现营业收入59.46亿元，净利润为33.98亿元，同比分别增长92.00%、143.66%；单三季度实现营业收入26.08亿元，净利润为15.89亿元，同比分别增长137.28%、203.47%。另外公司公告拟发行可转债募资不超过158亿元，扣除发行费用后的募集资金净额将用于补充东方财富证券的营运资金，支持其各项业务发展，增强其抗风险能力。

公司两融业务渗透率大幅提升；截至2020年9月底，公司融出资金规模297亿元，较2020年6月底增长101亿元，增幅51.5%，大幅高出行业增幅。

两融业务实际上就是公司加杠杆，发生系统性风险的概率很小，而且一般出现在牛市顶峰。

从现在注册制逐步推行的步骤来看，未来长期慢牛的概率非常大，东方财富这时候加杠杆实际上是非常有利于公司盈利的。

有人用仁东控股说事，我想说的不是所有的券商都叫东方财富，东方财富两融业务上发生穿仓的案例，你可以举出几个来让我们看看。

东方财富是民营公司，这不像传统券商，民营公司是要自负盈亏的，传统券商现在在两融业务上也是非常谨慎的，2015年的教训非常深刻，券商也会和银行一样计提不良，更别说东方财富了。

在这种慢牛格局下，东方财富通过可转债和公司债加杠杆加速盈利能力，我个人认为赢的概率更大，当然如果是牛转熊就要特别谨慎券商。

券商真正的大风险是公司股权质押，牛市问题不大，现在加大退市力度后对券商也是好事，熊市中股东质押股权是一个很大的隐患，因为即使斩仓也是需要大量时间和接盘手的，像这次仁东控股就非常危险，但是仁东控股在现在的慢牛背景下只是一个孤例，对券商来说只是一个小小的数字，分散下来并不能动摇券商的根本。

做任何生意都是有风险的，这就像做任何事情都是有代价的一样，如果两融业务没有任何风险，那么也就轮不到东方财富等券商来做了，我们投资要思考的是这种风险发生的概率与投资回报之间是否对等。

我个人认为两融业务目前两年对东方财富来说是加分项，更久的未来需要继续观察。

第七节　安全边际与能力圈

简单描述东方财富的盈利模式。例如：我要开一家店铺，为了让生意好起来，吸引流量，就又建了一个网站来吸引流量，但我新建一个网站太难了，幸运的是，我本来有一家流量相当不错的网站，原来是卖财经信息，后来是卖基金，基金不受地域限制，这种商品不像包子铺那样需要地域和运输限制。

原来只是卖基金的网站，也就很普通。

后来想办法收购了一家本地经营不好的店铺——西藏一家证券公司，卖证券经纪业务可不是卖包子，和卖基金是有异曲同工之妙的，不，是更好。

西藏这家证券公司没有客户，经营得不好，但是我们可以在已有的网站上导流，于是客户迅速增长。

简单描述：天天基金App、东方财富App、股吧App引流到证券开户上，证券开户后又可以卖给客户基金、引导客户去股吧，于是形成一个内部大循环，同时不断虹吸外部流量，吸进来后在东方财富里面就能够满足一切金融需求。

（1）我个人认为这个模式是其他券商很难模仿的。

（2）为什么同花顺不收购一家证券公司呢？

东方财富是雪球热股，也是我最看好的券商龙头，2020年东方财富给我带来了不少利润，下面谈一下东方财富这家公司主要赚钱途径是什么。

东方财富开始来源于东方财富网站，本来一家网站并不是很稀奇，这样的财经网站多了去了，但是东方财富老总（其实）很有前瞻眼光，可以说目光独到，比同时代人早了十几年看到了未来财经网站的竞争格局。

东方财富最厉害的是获得券商牌照，这是互联网公司独一份，也是为什么东方财富是券商龙头的根本原因，也是东方财富估值比其他券商高很多的根本原因。

券商本来类似于啤酒、水泥这样的公司有地域垄断性质，但是东方财富获得了券商牌照后就插上了互联网双翼和券商现金流发动机，如同飞起来的券商。

东方财富赚钱途径如下：

1. 证券业务

主要依托互联网服务平台及全国主要中心城市的分支机构，通过拥有相关业务牌照的东方财富证券、东方财富期货、东财国际证券等公司，为海量用户提供证券、期货经纪等服务。

不知道大家注意到A股一个有趣的现象没有，很多上了龙虎榜的股票上有游资上榜，实际上就是东方财富开户的散户集中营。

由此可见，东方财富作为互联网企业获得客户的先天优势是多么强大，而且这种强大会变得更加强大，强者通吃的时代，根本不是传统券商能够通过一些小的竞争手段获取的优势。

券商业务是一个旱涝保收的无本生意，尤其是互联网开户更是成本低到难以想象。

券商是东方财富最赚钱的通道。

2. 金融电子商务服务业务

主要通过天天基金，为用户提供基金第三方销售服务。天天基金依托以“东方财富网”为核心的互联网服务大平台积累的海量用户资源和良好的品牌形象，通过金融电子商务平台向用户提供一站式互联网自助基金交易服务。

很多人说公司很可能受到蚂蚁金服的威胁，实际上从基金销售角度来看，蚂蚁金服确实已经超越东方财富的天天基金，但是作为第二名的东方财富仍然非常赚钱，未来会不会更加集中，需要继续观察，客观说蚂蚁金服的优势更大，但是基金销售收入在东方财富的收入中占比不到百分之三十了。

随着腾讯加入基金销售，基金销售收入方面估计东方财富的份额会继续缩小。

3. 金融数据服务业务

主要以金融数据终端服务平台为载体，通过PC端、移动端平台，向海量用户提供专业化金融数据服务。

这个收入目前是比例是很小的，但这属于增值收入，属于软实力，对深度用户创造黏性。

4. 互联网广告服务业务

主要为客户在“东方财富网”及各专业频道、互动社区等页面上通过文字链、图片等表现形式，提供互联网广告服务。

收入占比很小，但是互联网公司，属于边际收入，想不到当年东方财富没有获得券商牌照时候主要收入变成了现在的可有可无，连新浪财经这种大树下的财经网站也远远不能和东方财富的收入相匹敌，虽然新浪财经在App方面压东方财富一头（这是东方财富的软肋，远远不如新浪财经，更远远不如雪球这样灵活），但是新浪财经没有牌照，这就不是一个级别的了。

整体来说，东方财富获得升级的最关键一步是得到了券商牌照，然后利用天天基金腾飞了，虽然面临蚂蚁金服和腾讯的抢夺市场，但是东方财富的券商牌照获得的收益占到公司营业收入的百分之六十五，几乎已经立于不败之地了。

随着基金竞争的加剧，大家可以看到基金销售毛利率一直在下降，再加上雪球这样的公司加入，估计基金业务毛利率会继续下降，直到平衡状态，如下表所示。

年　份	2019 年		2018 年		同比增减
	金额	占营业总收入比重	金额	占营业总收入比重	
营业总收入合计	4,231,678,035.6	10.00%	314,007.42	100.00%	35.48%
分行业					
证券业	2,750,704,528.26	65%	113,148,849.66	58.05%	51.71%
信息技术服务业	1,480,973,507.30	35.00%	1,310,297,157.76	41.95%	13.03%
分服务					
证券服务	2,750,704,528.26	65.00%	1,813,148,849.66	58.05%	51.71%
金融电子商务服务	1,257,044.87	29.20%	10,619,166.65	34.11%	15.98%
金融数据服务	157,797,527.37	3.73%	159,682 4.63	5.11%	−1.18%

	营业 总收入	营业成本	毛利率	营业总收入比上年同期增减	营业成本比上年同期增减	毛利率比上年同期增减
分行业						
证券业	2,750,704,528.26			51.71%	51.71%	
信息技术服务业	1,480,973,507.30	39,944,096.83	73.60%	13.03%	5.28%	1.94%
分服务						
证券服务	2,750,704,528.26			51.71%		
金融电子商务服务	1,235,704,443.87	105,653,247.97	91.45%	15.98%	12.86%	0.24%

东方财富最大的收入还是券商业务，东方财富的业绩和交易活跃度有高度的正相关关系，因此我对东方财富的操作思路就是涨得多了我就会卖出，跌得多了我就会买入。

根据我个人的看法，总市值2000亿元以下是一个非常安全的位置。

生活就是投资。

最近我连续几天在看《巴菲特致股东的信》，从1957年开始看起，已经看到了20世纪九十年代，2000年之后的我早就读过很多遍了，看完之后让人心态平和，忽略噪声、忽略波动、放弃不切实际的高期望，甚至故意压低自己的期望值。

我看《价值》这本书中对张一鸣的点评，张磊说张一鸣特意每天保持在轻度沮丧和轻度喜悦之间，避开大喜大悲，我看巴菲特也是如此。

巴菲特曾经开玩笑说，要是这一天股价涨了就吃贵一点儿的晚餐，要是股价跌了就吃便宜一点儿的，这在某种程度上也可以说是轻度沮丧和轻度喜悦之间。

说白了就是保持理性、保持平和、保持不以物喜不以己悲的心态，用一种始终不为所动的视角来看待世界。

巴菲特投资的公司都是和巴菲特的生活息息相关的。

《华盛顿邮报》是巴菲特小时候就送的报纸，《水牛报》只是《华盛顿邮报》

的替代品，都是传媒行业的高速公路收费员。

家居也是家乡奥马哈的家具商。

保险公司是巴菲特从业的第一家公司。

印花和喜诗糖果是芒格带给巴菲特的成长股。

可口可乐是巴菲特喜欢喝的饮料。

这些都是和巴菲特生活息息相关的公司，产品也在一直使用，从巴菲特的经历看投资就是投生活。

我最先投资的是中国平安和格力电器，都曾经获得过翻倍的收益，可惜买得太少，卖得太早。中国平安早期卖了后买房子，格力电器买得少，但是卖了后新房子的空调都是用格力电器股票盈利买的。

浴室的一套东西是宁波银行和华域汽车卖出盈利获得的，当时买入的价格都非常便宜，我记得都是14块钱，卖出的时候虽然翻倍，可惜总是买得太少，卖得太早。

每天都要喝牛奶，这就是观察产品的好机会。

我喜欢的饮料有伊利、蒙牛、六个核桃，早餐喜欢吃点榨菜，中午如果吃面条和饺子的话喜欢加点香醋，晚上要是有时间可能喝点白酒，汾酒、五粮液、茅台、泸州老窖都很好。

家里的空调是格力，冰箱是海尔，这里说一下，我特别喜欢格力的产品。早上刮胡子的剃须刀用的是飞科。

银行用的很多，工资发在农商行，绩效和奖金发在中国邮政储蓄银行，钱存在中国建设银行和中国工商银行，贷款用的也是中国建设银行和中国工商银行。

投资用的是方正证券和平安证券及华宝证券。

买的大病险是中国平安，孩子的意外伤害保险也是中国平安，因此我一直认为中国平安是一家前途远大的公司，市值十万亿不是梦。

最开始买入中国平安我就是前几年用过平安的车险，非常靠谱，保险方便，真是好公司，当时买得也便宜，只有三十多元钱，而且时间窗口非常长，长期都是三十多元钱。

后来才知道券商里面有一个东方财富。

我最一开始用的是同花顺，非常好用的软件，可惜券商和同花顺闹别扭，不让用同花顺，后来就不上同花顺了。

我很少喝药，快要感冒一般吞几片维生素C就可以了，实在不行才买三九感冒冲剂喝，华润三九和白云山三九也用过。白云山曾经火过的凉茶我喜欢喝，但是后来就买不到了。我甚至设想将来我某方面衰退了，是不是喝点白云山的那个药，我觉得白云山大有前途，毕竟未来会进入老龄化社会。

投资就是投生活，上面这些生活必需品就是投资所在。

可惜的是，上面这些不少是很贵的，因此我们只需要静静等待，如果有那种买入就是赚钱的机会，那么就果断买入，并且不考虑卖出的时刻，除非市场先生给出一个难以抗拒的价格，其他时候都是慢慢等待、慢慢体验生活就可以了。